变电站防汛
应急措施
与处置方案

姚德贵　窦晓军　任宏昌　揣小明 等 著

中国电力出版社
CHINA ELECTRIC POWER PRESS

图书在版编目（CIP）数据

变电站防汛应急措施与处置方案/姚德贵等著．—北京：中国电力出版社，2024.4
ISBN 978-7-5198-8750-6

Ⅰ．①变…　Ⅱ．①姚…　Ⅲ．①变电所-防洪-研究　Ⅳ．①TM63

中国国家版本馆 CIP 数据核字（2024）第 062667 号

出版发行：中国电力出版社
地　　址：北京市东城区北京站西街 19 号（邮政编码 100005）
网　　址：http：//www.cepp.sgcc.com.cn
责任编辑：薛　红
责任校对：黄　蓓　王海南
装帧设计：王红柳
责任印制：石　雷
印　　刷：三河市百盛印装有限公司
版　　次：2024 年 4 月第一版
印　　次：2024 年 4 月北京第一次印刷
开　　本：710 毫米×240 毫米　16 开本
印　　张：11.75
字　　数：191 千字
定　　价：68.00 元

変电站是电网企业的核心资源，也是重要的基础设施，在承担电力输配和地区电力供应方面发挥着重要的枢纽作用，对电力系统运行的稳定性和可靠性起到至关重要的作用。近年来，随着城市社会经济的飞速发展及高位碳排放，大气中 CO_2 浓度逐年上升，极端高温频率显著增加，极端性强降雨造成的洪涝灾害问题日益突出，变电站的安全运行受到严峻挑战，如 2012 年北京极端暴雨灾害、2016 年河南新乡极端暴雨灾害、2021 年河南"7·20"极端暴雨灾害、2023 年京津冀地区暴雨洪涝灾害等，均造成多个变电站受淹停运，严重威胁着电网的汛期安全运行，并导致了变电站及周边地区的严重经济损失。不同变电站在极端性暴雨灾害的应对过程中暴露了不同程度的问题，故开展变电站防汛应急处置方面的研究具有十分重要的理论及实践价值。

本著作共分 9 章：第 1 章概述，主要介绍了研究的背景、目的与意义，变电站应急处置国内外研究进展梳理、研究内容、研究方法、技术路线和学科归属等；第 2 章基础理论；第 3 章变电站防汛综合风险评价研究；第 4 章变电站洪涝灾害韧性评价研究；第 5 章变电站洪涝灾害应急能力现状评价研究；第 6 章基于风险水平——应急能力水平的变电站防汛二维要素结构矩阵模型的构建；第 7 章变电站典型防汛运维模式的构建；第 8 章变电站洪涝灾害应急措施研究；第 9 章变电站洪涝灾害应急处置方案的编制及动态优化研究。

本著作由国网电力气象联合实验室（河南）、国网舞动预测预警分中心（河南）主任、教授级高级工程师姚德贵负责设计、统稿、修订与完善。第 1 章、第 2 章、第 8 章、第 9 章由姚德贵撰写，第 3 章由窦晓军、梁允、王津宇、高阳撰写，第 4 章由窦晓军撰写，第 5 章由揣小明撰写，第 6 章、第 7 章由任宏昌撰写。张春霞参与了第 1 章、第 2 章撰写，韩菁雯参与了第 5 章撰写，中国电力科学研究院滑申冰、河南省电力科学研究院高级工程师刘善峰对变电站防汛应急措施的调研提供了特别的帮助，研

前言

前言

究生李宜赛、魏曼如参与了本著作的校对、修改完善工作，在此一并表示感谢！

本著作可为电网公司洪涝灾害应急处置方案的编写与动态优化提供重要的理论参考，可供国家电网有限公司、中国南方电网有限责任公司等电网企业决策参考、培训使用，也可以用于科学研究单位、高等学校开展电力风险管理、电力防汛、电力应急等领域的教学、科研工作。

由于时间、精力有限，虽力求完美，仍难免有疏漏不足之处，还请各位读者批评指正。

编者

2024 年 3 月

1 概 述

1.1 研究背景、目的与意义

1.1.1 研究背景

变电站是组成电力系统的一个单元，是整个电网中安全稳定运行的关键设施之一，是将电源侧和负荷侧联系起来的中心枢纽站。在整个电力产业体系中，变电站具有转换电压等级、集中和分配电能等作用，可以增强用户用电的稳定性和安全性，既是衔接用户与电网重要的纽带，也是电网安全稳定传输的关键环节。所以如何确保变电站的稳定运行，是变电站安全管理所面临的主要问题之一[1]。

然而，随着社会经济的飞速发展，城市能源消费呈现高态位增长趋势，CO_2浓度水平亦呈现出显著上升的趋势，气温也随之逐渐增高。全球气候变暖现象导致类似于2021年河南"7·20"极端暴雨灾害等极端性强降雨天气的发生频次越来越高，极端性强降雨天气所造成的洪涝问题越来越严重，可能会导致多个变电站受淹停运，给变电站的安全运行带来了严峻的挑战[2]。我国不同地区每逢夏季暴雨洪涝频发，地势较低的变电站易受内涝影响，且部分变电站为无人值守站，一旦遭遇内涝，将在一定程度上影响变电站的安全运行，甚至造成重大人员伤亡和经济损失。

极端强降雨天气给当地造成不同程度的灾害。2012年北京极端暴雨灾害、2016年河南新乡极端暴雨灾害、2021年河南"7·20"极端暴雨灾害、2023年京津冀地区暴雨洪涝灾害、2023年8月初东北地区暴雨洪涝灾害均造成变电站不同程度受淹。尤其是2021年河南"7·20"极端暴雨灾害后，河南全省因灾停运（含主动停运）35kV及以上变电站42座、35kV及以上输电线路47条、10kV配电线路1807条，全省5.8万个台区、374.33万用户、118个重要用户因灾停电，主要集中在郑州、新乡、鹤壁、安阳、焦作、许昌等6地市，其中郑州地区波及近1/3区域，给城市运行安全及人们的生命财产安全造成巨大的危害。可见，开展极端性强降雨天气影响下变电站应急响应处置方面的研究迫在眉睫。

近年来，多个地区因极端性强降雨天气造成的大面积停电事件凸显出电力系统面对洪涝灾害时存在意识淡薄、风险认知不精准、应急准备不足、应急响应处置措施不到位等方面的严重问题。变电站对地区电力系统运行的稳定和可靠性起到至关重要的作用，一旦全站停电后将造成大面积停电，或系统瓦解。然而，现有的变电站防汛应急处置措施缺乏对不同变电站风险水平和应急能力现状水平的精准认知，其发挥的作用受到了很大程度的限制，严重影响了电网安全稳定运行。给变电站设备设施造成严重破坏，导致变电站停运并伴随大规模停工停产及人员伤害事故。因此，开展针对不同类型、不同防汛风险等级的变电站的差异化运维策略和应急处置策略，实现高精度的变电站防汛风险预测有助于及时发布灾害预警，便于管理人员及早进行工作决策和规划，有效实现关口前移，进行防汛物资调度及人员规划，提高变电站防汛抗灾能力，以缓解汛灾对电网的影响，保障电网的稳定运行，具有重要的理论及现实意义。

1.1.2 项目研究的目的

本项目的主要目的包括：① 拟构建变电站防汛风险水平——应急能力水平的二维要素结构矩阵，提炼出变电站防汛运维的典型模式，形成变电站防汛运维的典型模式数据库；② 针对典型的运维模式，提炼出不同模式的差异化运维策略，构建变电站防汛的差异化运维模式库；③建立变电站应急处置要素与风险水平、应急能力现状之间的关系模型，深度剖析三者之间的相互作用关系，形成灾害过程中不同类型变电站的应急处置模式，形成不同类型变电站应急处置方案数据库。

1.1.3 项目研究的意义

本项目的研究意义主要体现在如下两个方面：

（1）理论意义： 通过构建变电站防汛风险水平——应急能力水平的二维要素结构矩阵，提炼出变电站防汛运维的典型模式，耦合变电站应急处置要素与风险水平、应急能力现状之间的关系模型，深度剖析三者之间的相互作用关系，提炼出不同变电站的差异化运维模式和应急处置模式等一系列理论研究工作，进一步丰富变电站防汛应急的理论知识体系。

（2）实践意义： ① 提高对变电站防汛风险水平和应急能力水平的认知

能力。通过构建综合评估模型，对变电站进行风险评价，提高对变电风险水平的认知能力；通过构建变电站应急能力评估的指标体系和方法体系，建立评估模型，提高对变电站应急能力现状水平的认知能力。② 提高电网运行可靠性。本项目在变电站防汛风险水平——应急能力水平的二维要素结构矩阵的基础上，提出变电站差异化运维原则和应急处置模式，从而为后续检修、运维相关工作的开展提供坚实的数据基础和现实依据，为变电站在洪涝灾害中的运维决策以及灾后恢复提供强有力支撑，提升变电站抵御洪涝灾害能力，完善洪涝灾害运维策略，有效降低变电站洪涝灾害下停运风险，大幅提高电网运行可靠性。③ 显著提高精准应急能力，提升应急响应效果。本项目是在充分认知变电站防汛风险和应急能力现状水平的基础上提出差异化的运维模式和针对性的应急处置措施的，这能够显著提高变电站精准应急能力水平，从而较为显著的提升不同变电站的应急响应处置效果。

1.2 国内外研究进展

为对变电站在国内外发展动态及热点变化进行全面探究，通过 Citespace 和 VOSviewer 文献计量学方法，对 CNKI 知网和 Web of Science（WoS）数据库进行文献检索，在知网数据库中，查找到变电站在防汛领域中文核心发文量不到 2 篇，故只对 Web of Science 文献进行分析，将署名国家为"PEOPLES R CHINA"（PEOPLES Republic of CHINA 的缩写）作为国内研究文献，其余的作为国外文献进行分析。考虑到本书中第 2 章和第 5 章中有风险相关内容，在 WoS 核心数据库中也对变电站风险相关内容进行了检索。检索路径包括：TS＝（"substation"and"flood"）OR TS＝（"substation" and "risk"）OR TS＝（"substation"and "emergen＊"）OR TS＝（"substation" and "water"）OR TS＝（"substation"and"threat＊"）OR TS＝（"substation" and "venture"）OR TS＝（"substation"and"danger＊"），为主题进行检索，时间跨度为 2004～2023 年。将筛选后的文献通过纯文本导出，并以"全记录与引用的参考文献"作为分析数据的样本，共得到国内文献 265 篇和国外文献 838 篇。通过 Citespace 去除重复文献以及非学术性文章，最终保留国内文献 238 和国外文献 622 篇。

软件 Citespace 和 VOSviewer 对国内外文献分析内容涉及：年度发文

量、作者发文分布、研究机构分析、研究国家分布、关键词共线性分析、发展动态与热点变化和变电站防汛文献分析等。

1.2.1 国外研究现状

（1）国外年度发文量。 发文量反映了相关学者对该领域的关注程度和成果产出。根据 WoS 检索和去重后的 622 篇文献的年度分布如图 1-1 所示。

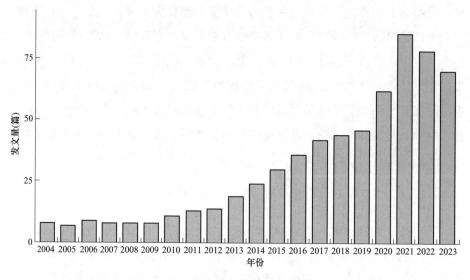

图 1-1 国外年度发文量

从图 1-1 可以看出，变电站防汛研究领域国外年发文量大致可分为三个阶段。第一阶段为 2004～2009 年，年均发文量为 8 篇，发文量相对较少，相关研究人员对变电站防汛领域的关注度相对较低，处于初步探索阶段。第二阶段为 2010～2017 年，国外在防汛应急措施领域发文量逐渐上升，从 2010 年的 11 篇逐渐增加到 2017 年 44 篇，表明国外研究人员对变电站防汛相关领域关注度逐渐增加，并开始进行深入研究；第三阶段为 2018～2023 年，国外论文发文量呈现快速增长趋势，年均发文量达到 74 篇。表明在这个时期，变电站防汛应急领域研究热点逐渐增多，同时研究力度不断加大。随着极端强降雨事件的增加，研究人员逐渐认识到变电站防汛的重要性，并逐渐将变电站防汛应急研究作为未来发展的关注热点之一。

（2）热点分析。 关键词能够准确地反映论文的研究方向和主题，有助于读者快速了解论文的研究内容。如果同一关键词在不同论文中反复出现，则可把这一关键词作为该领域的研究热点进行分析。采用 VOSviewer 软件对共线关键词进行可视化分析，结果如图 1-2 所示。

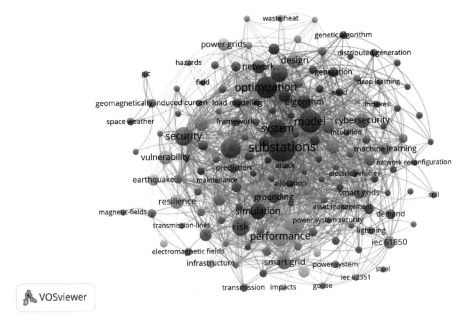

图 1-2　研究热点聚类

从图 1-2 中可以看出，出现次数最多的关键词除变电站外，排在前 10 位的依次为：model（模型）、optimization（优化）、systems（系统）、performance（性能）、security（安全）、risk（风险）、reliability（可靠性）、simulation（仿真）、cybersecurity（网络安全）、design（设计）。表明该领域关注的热点主要是模型的优化设计、安全与风险、系统和性能等。对变电站采用模型进行优化一直是研究者关注的话题，这些模型可以帮助研究人员更好地理解变电站的性能瓶颈，为改进设计提供有力支持。Sultana 和 Chen 提出了一种新的综合建模方法，用于模拟关键基础设施对灾害的脆弱性以及相互关联的基础设施之间的相互依赖性，基于蒙特卡罗模拟的结构——水力建模、洪水频率分析、随机 Petri 网（SPN）建模和马尔可夫链分析。通过洪水频率分析，可以预测出一定的洪水位概率，并根据大坝发育的易损性曲线，模拟出该灾害最可能发生的破坏情况，可作为洪水应急响应和管理的决策工具[3]。其次，在安全与风险方面，研究者们关注如何降低变电站防汛应急过程中的风险，以应对潜在的威胁，如自然灾害、设备故障等。由于气候变化，极端天气事件的频率和强度不断增加。因此，配电等关键基础设施必须安全且具有弹性，以响应和减轻极端事件造成的影响。城市被认为是最明智和最关键的区域。Daniel 和 Luis 认为提高城市抵御极端事件能力是全球范围内的一个关键研究课题，在洪水风险评估的同时评估洪水深度、资产暴露程度（使用受影响面积率）及其脆弱性（整合脆弱性曲线），所采取的措施显著提高了电网的安全性[4]。而在系统和性能方面，Saberi 等认为每年造成重大损失的高影响、低概率事件严重威胁着配电网络的健康，这些事件的影响使得配电系统的扩展规划超出了传统的可靠性标准，因此越来越需要修改当前的规划方法并关注配电网络扩展规划的弹性。通过对洪水和风暴等常见自然灾害进行建模，引入适当的指数评估分布式电源接入对配电网弹性产生的影响，包括传统的燃气电源和光伏电源。然后，通过提出适当的模型对变电站进行多目标优化，以提高弹性和优化成本，并采用非支配排序遗传算法来解决弹性配电网的综合规划问题[5]。

（3）前沿分析。 通过对关键词进行突发性探测，可以看出关键词在该研究领域的持续时间，以及在某阶段的增强性。采用 Citespace 对关键词进行可视化分析，筛选出突现性较强的前 10 个关键词，结果如图 1-3 所示。

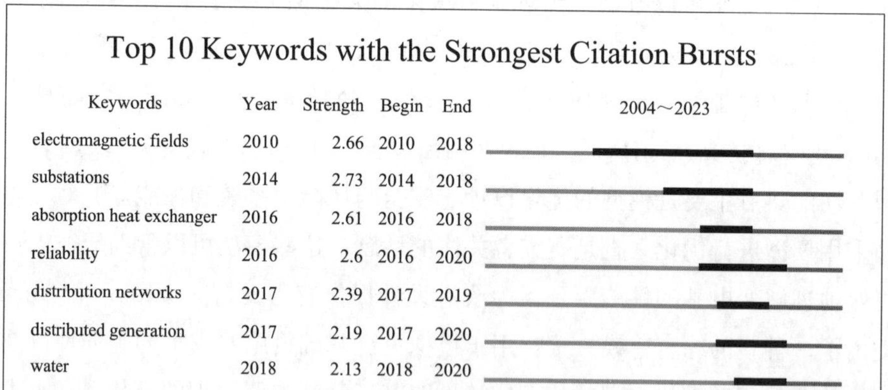

图 1-3　关键词突现性检测图谱

从图 1-3 可以看出，持续时间最长和开展研究较早的关键词是 electromagnetic fields（电磁领域，突现性 2.66，持续时间 9 年），而对 water（水，突现性 2.13，持续时间 3 年）的研究主要集中在 2018～2020 年。为测量德黑兰市某变电站的磁场密度和电场强度，以评估测量参数与相关标准中规定的阈值水平之间的差异，Parvin 等随机选择了 63、230kV 和 400kV 三种类型的变电站，基于 95% 的置信度（$a = 0.05$），在距变电站不同距离处进行了 250 次测量，结果发现，大多数研究人群（64.8%）因受变电站磁场影响而对精神产生一定的影响[6]。Andrea 等在实验室对平滑粒子流体力学程序进行了城市溃坝洪水的验证，通过对引发洪水的活动闸门进行直接建模，应用在一个全面的灾难性三维溃坝洪水中，并对其相关损害进行了评估[7]。Performance（性能，突现性 2.28，持续时间 4 年）、framework（框架，突现性 2.25，持续时间 4 年）和 management（管理，突现性 2.15，持续时间 4 年）是近四年研究的热点，其中 Yang 等认为智能变电站的开关操作会产生各种极强且不对称的瞬态空间电磁场，以及这个复杂的瞬态电磁场可以与无线网络汇聚节点设备电缆产生耦合效应。通过对智能变电站无线网络设备的组网方法进行研究，并对所使用的汇聚节点电缆类型进行分析，研究结果有助于提高无线网络设备运行的可靠性[8]。

(4) 作者发文分布。 采用 VOSviewer 软件进行作者发文情况可视化分析，可以了解该领域作者之间的合作关系以及该领域的学术动向。发文作者数量是提升作者学术影响力，推动学术创新和发展的重要推动力，是呈现该学科领域科研人员成熟度的重要外部特征。通过 VOSviewer 软件进行作者合作化分析，设置只显示发文量达到 3 篇及以上作者，共有 58 位作者满足要求，结果如图 1-4 所示。

从图 1-4 可以看出，该领域发文量最多的作者是 Wang Lingfeng，发文量为 10 篇，其次是 Ten Cheewooi(9)、Liu Zhaoxi(7)、Wei Wei(6) 和 Liu Chenching(4)。来自美国 Wang Lingfeng 的文献主要研究变电站的网络安全规划、资源优化配置、系统风险、保险业务、防御的博弈论等[9-12]；而美国 Ten Cheewooi 的文献主要关注的是变电站网络安全、安全采样、系统风险、测试平台、保险模型等[11,13-15]。

共同被引作者是基于两名或两名以上作者，同时被另一篇或多篇文章引

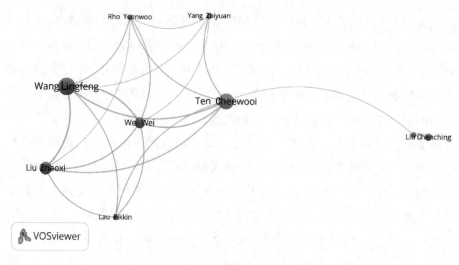

图 1-4　作者发文图谱

用，从而构成共同被引关系。共同被引作者不仅体现了科研团队合作的精神，也是对多篇相关文献的交叉引用，有助于梳理学术脉络和展示研究热点。通过设置作者的被引用最新数量是 15 次，得到作者共被引可视化图谱如图 1-5 所示。

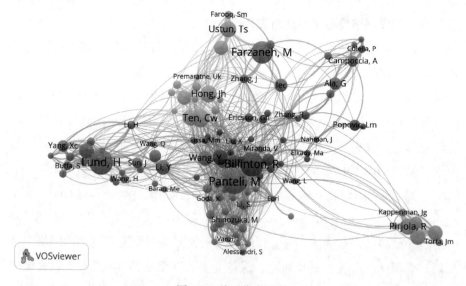

图 1-5　共引作者图谱

由图 1-5 可以看出，共被引频次前三位的作者依次为塞浦路斯

Panteli（46 次）、丹麦 Lund（45 次）和加拿大 Billinton（44 次）。在 Panteli 的引用率较高的文章中，研究主要涉及电力系统运行和基础设施弹性的度量和量化、关键电力基础设施对极端天气事件的弹性建模与评估、电力系统对极端天气的弹性：脆弱性建模、概率影响评估和适应措施，电力系统弹性评估：强化和智能操作增强策略，利用防御性孤岛提高电网对极端天气事件的应变能力、极端天气和气候变化对电力系统恢复力的影响，如何使电网更强、更大、更智能等，这些文章的引用率均为 249～470 次，表明作者在该领域已得到学术界的广泛认可和关注[16-19]。丹麦 Lund 的文章主要关于可再生能源系统、智能能源系统、区域供热与热量节约、可再生能源系统的现状与展望、第四代区域供热现状等[20-23]；Billinton 的文献在图中代表的红色区域主要涉及断路器老化失效模型、大型配电网可靠性快速评估算法、蒙特卡罗仿真评估等[24-26]。

（5）国家共线分析。国家在该领域的发文量在一定程度上体现了对该领域的关注程度。采用 VOSviewer 软件进行国家共线性分析，结果见表 1-1。

表 1-1　　　　　　　　　国家文献量和引用表

序列	国家	文献数量	引用
1	美国	136	2938
2	英国	62	1178
3	意大利	41	598
4	伊朗	40	570
5	加拿大	38	733
6	澳大利亚	28	486
7	西班牙	26	450
8	巴西	24	274
9	德国	23	451
10	印度	23	424

从表 1 可以看出，国外发文量居于首位的国家主要是美国，共发表文献 136 篇，远高于第二名的英国（62 篇），排名第三和第十的国家依次为意大利（41）、伊朗（40）、加拿大（38）、澳大利亚（28）、西班牙（26）、巴西（24）、德国（23）和印度（23）。另外在引用文献上，美国的引用次数为 2938，也远高于排名第二位的英国（1178）和第三名的加拿大（733），表明

美国在该领域的研究无论在影响力还是数量质量方面都远超过其他国家，美国的研究成果受到了全球同行的广泛关注和认可，这不仅彰显了美国在该领域的研究实力，也反映出其在应急管理领域的全球领导地位。另外英国、加拿大、意大利和伊朗的发文量和引用次数也相对较高，表明这些国家在应急管理领域的研究也具有较高影响力，他们在该领域的研究成果同样受到了广泛关注。此外澳大利亚、西班牙、巴西、印度和德国等国家在应急管理领域的发文量和引用次数也表现出较高水平。这些国家在该领域的研究成果不仅为本国应急管理工作提供了有力支持，同时也为全球变电站防汛应急管理研究做出了重要贡献。

（6）高被引论文。高被引论文反映了该论文在变电站防汛应急领域具有一定的科研实力和学术水平。通过对这些高被引论文的分析，可以为相关研究人员提供宝贵的经验和启示，以指导未来的研究和发展。通过 VOSviewer 对文献引用率进行分析，得到引用率较高的论文如图 1-6 所示。

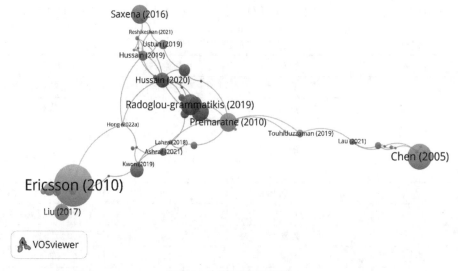

图 1-6　高被引论文分析

引用率排名第一的作者是来自瑞典的 Ericsson（2010）的文章《Cyber security and power system communication-essential parts of a smart grid infrastructure》，引用率为 269 次。主要讨论了网络安全问题、信息安全领域建模，并重点介绍了变电站的接入点，强调网络安全问题对于"智能电网"解决方案至关重要，另外风能的日益普及也需要一个"智能电网系统"[27]。

排名第二的是美国 Chen（2005）的论文《Identifying high risk N-k contingencies for online security assessment》，引用率为 136 次，主要分析了产生突发事件的主要因素，在此基础上进一步提出了一种基于拓扑处理数据和保护系统故障概率，从而形成变电站配置信息应急列表的新方法[28]。希腊 Radoglou-grammatikis（2019）的论文《Securing the smart grid：a comprehensive compilation of intrusion detection and prevention systems》引用率排名第三，主要分析智能电网（SG）是传统电网的下一个技术飞跃，而入侵检测与防御系统（IDPS）是对抗多种网络攻击的有效手段，进而通过对 37 个案例的分析，及时检测和防止潜在的安全违规来增强加密过程，如果网络攻击绕过了基本的加密和授权机制，IDPS 系统可以作为二级保护服务，通知系统操作员启用适当的预防对策[29]。

（7）机构共线分析。 研究机构在该领域的发文量在一定程度上反映其科研实力。发文量多的研究机构往往具备较高的研究水平和较强的创新能力，能够为行业发展提供有力支持。通过 VOSviewer 进行分析，得到发文量最多的机构是英国的曼彻斯特大学（8）、美国的威斯康星大学（8）、美国的密歇根理工大学（8）、意大利的都灵理工大学（8）、美国的华盛顿州立大学（7），其中仅发表 1 篇论文的机构占该领域所有机构的 50％，表明一些机构在该领域的科研力量分布还不够均衡，一些机构在科研实力和创新能力上还有待提高，同时也表明在该领域研究机构整体发文量还有待提升。

1.2.2 国内研究现状

（1）年度发文量。 发文量反映了国内相关学者对该领域的关注程度和成果产出。根据 WoS 检索和去重后的 238 篇文献在年度分布如图 1-7 所示。

从图 1-7 可以看出，变电站防汛研究领域发文量大致分为三个阶段：第一阶段是 2004～2013 年，变电站防汛应急措施的国内论文发文量相对较低，年均量不到 3 篇，表明国内对于变电站防汛应急措施的研究尚处于起步阶段，研究重点可能集中在基础理论和初步实践方面。第二阶段是 2014～2019 年，这个阶段，变电站防汛应急措施的国内论文发文量逐渐上升。从 2014 年 6 篇增加至 2019 年的 13 篇，年均发文量 9.5 篇，在此阶段，国内对于变电站防汛应急措施的研究逐渐深入，特别是在实践应用和创新发展方面取得

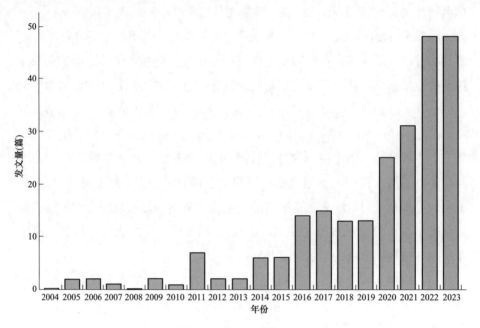

图 1-7   国内年度发文量

了显著成果。2020 年至今为第三阶段，变电站防汛应急措施的国内论文发文量呈现快速增长趋势。从 2020 年的 25 篇增至 2023 年的 48 篇，年均发文量达到 38 篇。表明在这个时期，变电站防汛应急措施的研究热点逐渐增多，研究领域不断拓展和深入。

（2）**热点分析**。关键词反映了变电站在防汛应急领域研究人员重点关注的内容。基于 VOSviewer 软件，通过类型分析 Co-occurrence 对 1558 个关键词进行分析，选择显示最小数量为 5 的相同关键词进行聚类，有 39 个关键词满足要求，结果如图 1-8 所示。

由图 1-8 可知，除变电站外，自 2004～2023 年出现最多的关键词分别是：model（模型）、optimization（优化）、performance（性能）、district heating（区域供热）、simulation（模拟仿真）、systems（系统）、reliability（可靠性）、risk assessment（风险评估）、network（网络）、power grids（电力网）。区域供热揭示了变电站与其他能源系统的融合趋势，通过区域供热，可以提高能源利用效率，降低能源成本，从而提升变电站的应急响应能力。模拟仿真（simulation）和系统（systems）这两个关键词，

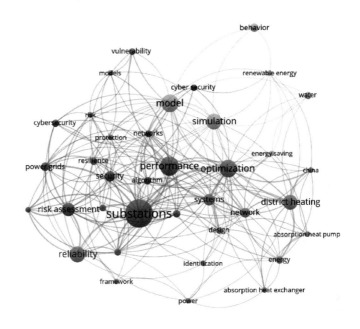

图 1-8　研究热点分布

是研究者在变电站防汛应急处置中常用的模型方法。通过模拟仿真，可以对变电站的运行状态进行深入研究，为优化策略提供数据支持。而系统研究，则有助于全面剖析变电站的运行机制，为防汛应急提供系统性解决方案。可靠性和风险评估（reliability and risk assessment）这两个关键词，通过对变电站的可靠性分析和风险评估，可以有效预防潜在的安全隐患。网络（network）和电力网（power grids）这两个关键词，反映了研究者对变电站与其他电力系统的连接和协同性。在防汛应急背景下，构建高效、可靠的电力网络，实现电力系统的协同运行，是提高应急响应能力的重要途径。

（3）**前沿分析**。通过对关键词进行突发性探测，可以看出某一关键词在某个时间段的持续时间和强度。通过 Citespace 基于关键词在某个阶段出现频率，选择持续时间为 2 年以上关键词，得到突现性最强的前 10 个关键词，结果如图 1-9 所示。

从图 1-9 可以看出，在时间维度上，这些关键词的增强时间主要集中在2016 年至 2023 年之间。其中，district heating（区域供热，突现性 3.18，持续时间 2 年）和 absorption heat exchanger（吸收式热交换，突现性 2.54，

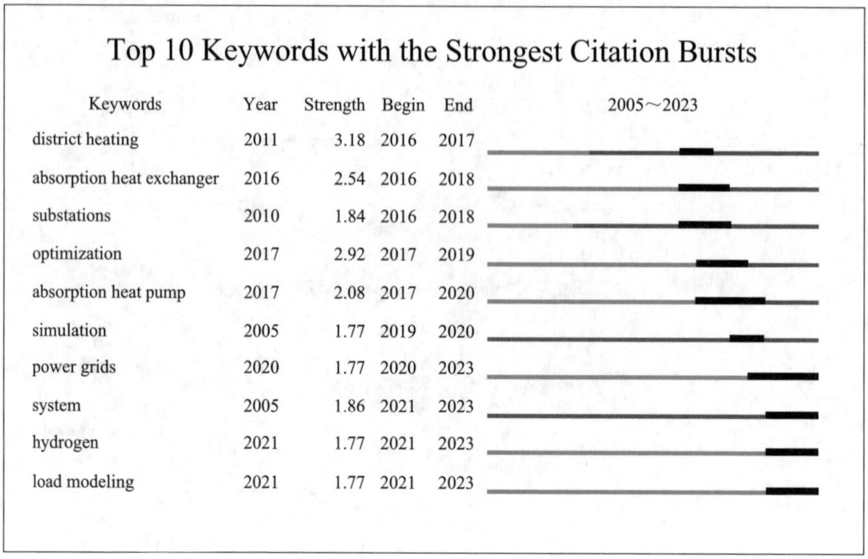

图 1-9   关键词突现性检测

持续时间 3 年）在 2016 年就开始受到关注，这两项技术在我国北方地区得到了广泛应用，由于政府大力推广清洁取暖政策，区域供热作为一种清洁能源替代方式，受到了广泛关注。而吸收式热交换技术在节能减排方面具有重要意义，因此受到了持续关注。而其他关键词如 optimization（优化，突现性 2.92，持续时间 3 年）、absorption heat pump（吸收式热泵，突现性2.08，持续时间 4 年）等则在 2017 年开始受到关注。Power grids（电力网）、system（系统）、hydrogen（氢气）、load modeling（负荷建模）是自2020 以来关注的热点。随着我国能源结构的转型，电力系统的研究正逐渐受到重视。氢气作为清洁能源的发展潜力也吸引了众多研究者关注。尤其是在应对气候变化和推动能源转型方面，氢能源不仅具有较高的能量密度，而且其发电建设的成本较低，被广泛认为是未来能源发展的关键方向[30]。负荷建模（load modeling）则是为了更好地预测和优化能源需求，为实现能源的高效利用提供理论支持。Han 等提出了一种新的综合建模方法，用于模拟关键基础设施对灾害的脆弱性以及相互关联的基础设施之间的相互依赖性，基于蒙特卡罗模拟的结构——水力建模、洪水频率分析、随机 Petri 网（SPN）建模和马尔可夫链分析，通过洪水频率分析，可以预测出一定的洪水位概率并作为洪水应急响应和管理的决策工具[31]。其次，从关键词的强度上看，区域供热（district heating）和优化（optimization）的强度最高，分别为 3.18 和 2.92，表明这两方面的研究在该领域中占据重要地位。从持续性上看，吸收式热泵（absorption heat pump）和电力网（power grids）的持续性较长，均为四年，表明这两方面的研究在近年来一直受到关注，具有较高的持续性。

（4）作者发文分布。作者发文情况是呈现该领域研究人员的活跃度和成熟度的特征，基于 VOSviewer 软件的计量化分析，对该学科领域的作者发文情况进行了研究，结果如图 1-10 所示。

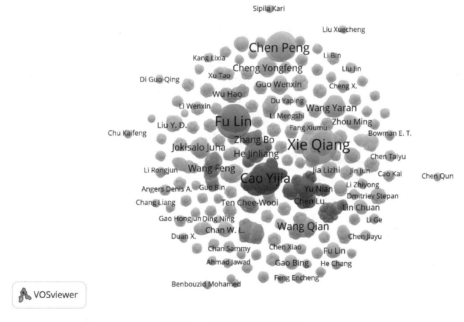

图 1-10　作者发文分布图谱

从图 1-10 可以看出，发文量最高的作者是 Xie Qiang，总发文量为 9 篇，其次是 Fu Lin，总发文量是 8 篇，Cao Yijia 排名第三，发文量为 7 篇。Xie Qiang 的文章主要为涉及柔性导体对互联电气设备、地震对自然响应、系统脆弱性分析、仿真模型、风险分析等的研究[32-34]。Fu Lin 的文章主要涉及变电站规划周期、换热器运行应急策略等的研究[35,36]。Cao Yijia 的文章主要研究风险评估、风险的应急因素筛选等[37,38]。

共同被引作者是基于两名或两名以上作者同时被一篇或多篇论文引用，从而构成共同被引用关系，有助于挖掘其研究热点。通过设置作者的最小引用数量为5，有165位作者满足要求，结果如图1-11所示。由图1-11可以看出，在2004～2023年间，共引频次前5位的作者依次为Lund H(24)、Palacios A(24)、Li Y(23)、Sun J(22)、Zhang B(22)。Lund H的文章涉及中国可再生能源系统的潜力、区域供热等；Palacios A主要研究的是储能、材料性能等[20,39-41]。

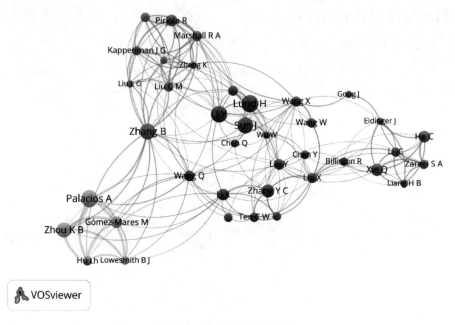

图 1-11　共同被引作者图谱

（5）高被引论文。 高被引论文是科研工作者在各自领域深入研究的成果体现。一篇论文能够获得较高的引用次数，说明它在一定程度上解决了当前研究中的关键问题，为后续研究提供了有价值的参考。通过 VOSviewer 设置引用率最低为1的论文，共得到185篇文献，结果如图1-12所示。

从图1-12可以看出，引用率最高的文献是 Li（2011）的文章《A new type of district heating method with co-generation based on absorption heat exchange（co-ah cycle)》，引用次数是98次；其次是 Chang（2011）的文献《Performance and reliability of electrical power grids under cascading failures》，引用95次；排名第三的是 Xue（2017）年的文献《Fault detection

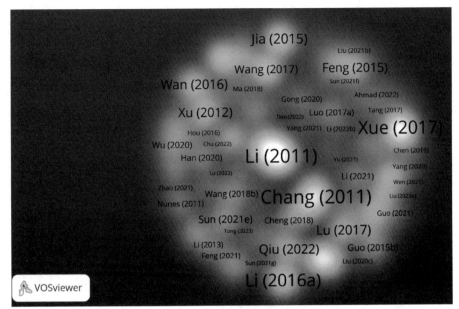

图 1-12 高被引论文图谱

and operation optimization in district heating substations based on data mining techniques》，引用 89 次。Li 等为了提高供热系统的供热能力和热电厂的能源效率，设计了一种基于吸收性能源循环的新型区域供热方式，结果表明该技术可取得显著的经济效益[42]。Chang 和 Wu 认为电网的稳定性和可靠性对于现代城市的持续运行是不可或缺的，对于应急管理中的准备、响应、恢复和缓解至关重要，通过对电网的稳定性和可靠性进行定量研究，重点研究了外部扰动下的级联故障，探讨了使用状态转移图和特征长度来理解级联故障的复杂机制，研究结果有助于电力行业和应急管理人员评估电力系统的脆弱性，并提高电力系统对外部干扰的恢复能力[43]。Xue 等为了探讨描述性数据挖掘技术在变电站系统中的潜在应用，提出了一种基于描述性数据挖掘方法提高变电站的能源性能，该方法包括五个步骤：数据清洗、数据转换、聚类分析、关联分析和解释/评价，结果表明该方法可以为高压变电站的故障检测和运行优化提供必要的指导[44]。

（6）研究机构分析。 对研究机构发表文献进行分析，可以对国内该领域科研发展趋势和热点领域有更深入的了解。通过 VOSviewer 软件选择发表最低为 1 篇以上论文，共得到所有机构发表的 315 篇文献，结果如图 1-13 所示。从图 1-13 可以看出，研究机构排名前六的机构主要是清华大学（Tsinghua univ，23 篇）、华北电力大学（North china elect power univ，14 篇）、同济大学（Tongji univ，14 篇）、浙江大学（Zhejiang univ，11 篇）、中国科学院（Chinese acad sci，10 篇）、湖南大学（Hunan univ，10 篇），这些机构在该领域的研究较为深入，相比于国外发文量较高。另外天津大学（Tianjin univ）、长沙理工大学（Changsha univ sci ＆ technol）、华中科技大学（Huazhong univ sci ＆ technol）、西南交通大学（Southwest jiaotong univ）、武汉大学（Wuhan univ）、西安交通大学（Xi an jiao tong univ）等在该领域也具有一定的影响力。

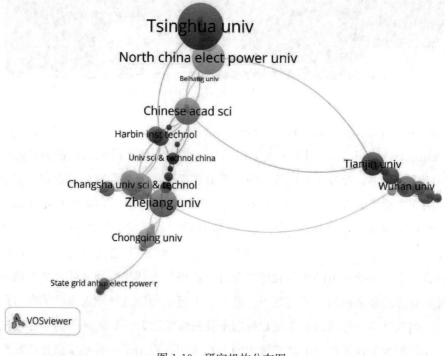

图 1-13　研究机构分布图

1.2.3　变电站防汛研究

　　由于在上述对变电站相关研究文献的关键词、作者、机构和国家的研究中发现对变电站的研究主要涉及风险、应急和管理方面，而对变电站防汛方面的文献研究较少，在所有下载的 WoS 核心合集文献 1103 篇中，变电站风险的文献最多，占所有文献的 50% 以上，其次是变电站应急的文献，而涉及变电站防汛有关的文献仅占 3% 左右，文献量明显低于风险、应急类文献，进一步对 31 篇文章进行分析发现，涉及防汛应对方法和风险评估的有 14 篇、变电站预警的有 3 篇，其他（有联系，不明显）有 8 篇。年度发文量、国家、机构和作者的研究有助于更清晰地了解变电站防汛目前发展的趋势。在年度发文量上，2004～2017 年发文量总共 10 篇，年均发文量不足 1 篇，2018～2023 年发文量总共 23 篇，年均发文量为近 4 篇，表明近年来由于极端灾害的频繁发生，研究人员对变电站防汛方面的研究正逐渐增加；从发文国家和机构来看，美国、英国和中国发文量最高，分别为 9 篇、7 篇和 7 篇，占变电站防汛文献量的 74%；研究机构主要是中国国家电网、美国的得克萨斯大学奥斯汀分校、美国能源部，中国的江西理工大学、华南理工大学、浙江大学，另外还有澳大利亚昆士兰科技大学和英国伯明翰大学，这些机构发文量均为 2 篇，占总发文量的 64%；发表文献相对较多的作者均来自中国，分别是浙江大学的 Wen Fushuan、华中科技大学的 Liao Zhiwei、国家电网江西电力有限公司的 Xin Jiaobo、中国科学院 Guo Wenxin、华南理工大学 Wei liuhong，这五位作者的发文量均为 2 篇，占总发文量的 20%。比如华南理工大学 Wei 等基于数字化变电站的结构，开发了一套在线智能报警处理系统。首先，根据 IEC 61850 标准对实时报警进行分类，为下一步的报警处理过程提供综合的、有组织的报警。在此基础上，提出了一种新的数字化变电站系统报警处理方法。该方法不仅可以确定故障/干扰的原因，还可以确定漏报或虚警以及虚警的原因。

通过对变电站防汛方面选择 14 篇文献内容进行分析，发现其内容主要涉及模型、仿真和应急技术与方法应对，结果见表 1-2。

表 1-2　　　　　　　　　　变电站防汛相关文献内容表

序号	文献	关　键　词
1	[46]	洪水；电网弹性；变电站；资源分配；随机优化
2	[47]	保护海港协会；城市洪水；溃坝；变电站；洪水破坏模型
3	[48]	关键基础设施；极端天气；洪水；混合整数线性规划优化；电力系统规划；输电系统；弹性变电站
4	[49]	射线图像；自适应阈值法；缺陷；line-flooding 算法
5	[50]	可能的最大洪水；影响；预测；脆弱性；恢复力；系统

序号	文献	关 键 词
6	[3]	基础设施相互依赖；扩展 Petri 网；脆弱性曲线；洪水灾害；马尔可夫链；应急管理
7	[31]	洪水荷载；变电站预制围墙；压力特征；力传递机构；"W 型"强化
8	[4]	变电站；地理信息系统；风险评估；成本评估；抗洪能力
9	[5]	适应；水文气象风险；基础设施；相互依存；减少风险
10	[51]	COAWST 模型；洪水和淹没；Vu Gia-Thu Bon 河；越南
11	[52]	小水电；电压质量；粒子群算法；协调控制
12	[53]	关键审查；极端事件；电力系统弹性；弹性定义；度量；增强策略
13	[54]	成本效益分析；灾害；基础设施加固；马尔可夫决策过程；恢复力
14	[55]	结构安全性和可靠性；弹性；相互依赖性

表 1-2 中的文献与变电站防汛研究关系较为密切，在研究方法上涉及马尔可夫、粒子群算法、line-flooding 算法、随机优化、线性规划优化等。Movahednia 等提出了一种提前一天保护变电站免受洪水影响的随机资源分配方法。洪水概率分布函数用于生成每个变电站的多个洪水情景，利用洪水情景和历史数据获取的变电站易损性、损坏和修复时间曲线，估算出变电站的故障概率、损坏百分比、损坏成本和修复时间，提出了一种基于日前风险感知的随机调度模型，并将其运用于 30 个变电站系统上，仿真结果表明了该模型的有效性[48]。考虑到洪水对电网的影响是在一系列现实的洪水情景下进行评估的，Souto 等结合强化策略和定量指标的方法，旨在提高潜在受洪水影响地区变电站的中期电力系统弹性。结合整数线性规划公式的目的是在假定任何地面未硬化的变电站因洪水而瘫痪，必须进行修复的情况下，对变电站进行优化设计，使累计成本和未服务的负荷能量最小化。并对 2017 年德克萨斯州沿海地区哈维飓风降雨的洪水模拟进行了有效验证[50]。由于气候变化可能导致日益频繁和严重的自然灾害，决策者必须考虑进行昂贵的投资，以增强关键基础设施的抵御能力，Zhu 等开发了一个新的马尔可夫决策过程（MDP）模型，该模型提供了预防（减少灾难的概率）和/或保护（减轻灾难的成本）的有效性。并将其成功应用于两个案例中，第一个案例研究考虑提升一个易受洪水影响的变电站，第二个案例研究评估升级输电结构以抵御大风[55]。Dullo 等通过集合水动力淹没模型评估了未来潜在的气候变化

对美国东南部 Conasauga 河流域洪水状况、洪泛区保护和电力基础设施的影响。采用分布式水文土壤植被模型（DHSVM）模拟了 1966~2005 年历史期和 2011~2050 年未来期 11 套缩小尺度的全球气候模式（GCMs），评估显示，即使在防洪之后，其中四个变电站在预计的未来期间仍可能受到影响，洪泛区面积和变电站脆弱性的增加凸显了在洪泛区管理中考虑气候变化的必要性[52]。

1.2.4 研究述评

目前，国外在变电站防汛应急领域的年度发文量在 2021 年达到顶峰后趋于稳定，而国内在该领域发文量呈持续增加趋势。在研究热点方面，国内外大多集中在模型、优化、系统和性能方面。电磁领域在国外研究的持续时间较长，关注点性能、框架和管理是近几年持续研究的热点，而国内主要集中在系统、氢能源和负荷建模方面。国内外作者最高发文量差别较小，而共同被引作者方面，国外远高于国内，表明国外作者在影响力方面高于国内。在发文量上美国发文量是 136 篇，低于中国的 238 篇文献发文量，表明中国在该领域的研究正不断深入。研究机构国内普遍高于国外，如清华大学在该领域的发文量为 23 篇，远高于国外机构如英国的曼彻斯特大学（8）、美国的威斯康星大学（8）、美国的密歇根理工大学（8）、意大利的都灵理工大学（8）等。对变电站防汛方法的研究主要集中在模型、仿真等应急技术，如混合整数线性规划优化、自适应阈值法、马尔可夫决策和粒子群算法等。然而，变电站防汛应急工作是在其风险水平和应急能力现状水平耦合作用下开展的，故在变电站防汛过程中，不同变电站所面临的风险水平和自身的应急能力水平共同决定了其防汛运维模式及其采用的运维策略。风险水平越高，应急能力越弱，汛期变电站所需补充和完善的运维策略应该更科学、更全面、针对性更强；反之，如果风险水平越低，应急能力越强，汛期的运维策略与常态管理状态下的差异越小。通过研究耦合作用下变电站运维模式的差异化特征，构建变电站防汛的差异化运维模式库，在此基础上，通过数据挖掘、要素提取、案例分析和专题研讨等多种研究方法，完善和修正变电站防汛差异化运维具体措施，形成变电站防汛差异化运维数据库。变电站的风险水平、应急能力水平和运维模式共同决定了自身汛期的应急处置模式及其对应应急处置流程、措施，故通过研究风险水平、应急能力和运维模式与应急处置模式之间的对应关系，编制不同运维模式变电站的应急处置工作指引机制，形成不同类型变电站的差异化应急处置模式。结合应急管理的全流程理论，梳理出灾害过程中不同类型变电站防汛应急处置要素的框架体系，根据要素对应行动，模式对应方案的原则，能够根据各变电站防汛突发事件（风险）要素变化的输入情况，动态输出相对应的具体应急处置方案。

1.3 研 究 内 容

（1）建立变电站防汛应急处置相关的基础理论，包括风险驱动理论、综合风险评价模型理论、基于变电站防汛抗灾知识图谱的构建系统理论、变电站防汛应急能力评价模型理论和变电站防汛的差异化应急处置理论。

（2）深度剖析变电站防汛风险的影响因素，建立变电站防汛风险综合模型，对河南省 437 座变电站防汛风险进行全面评价。

（3）构建变电站洪涝灾害韧性评价指标体系，确定评价指标的权重，建立变电站洪涝灾害韧性评价模型，并对河南省 A 变电站洪涝灾害的韧性水平进行评估。

（4）构建变电站防汛应急能力现状评价指标体系和方法体系，建立变电站防汛应急能力现状评价模型，对河南、浙江、安徽、四川、吉林、陕西、甘肃 7 个省份的 145 座变电站防汛应急能力现状进行全面评估，找出各变电站应急能力方面存在的短板和不足。

（5）提出变电站防汛二维要素结构矩阵模型的支撑理论和模型假设，构建基于风险水平——应急能力水平的变电站防汛二维要素结构矩阵模型，建立基于二维要素结构矩阵的变电站典型防汛运维模式，并深度剖析各防汛运维模式的主要特征。

（6）从预防与应急准备、应急监测与预警、应急响应与处置三个阶段提出变电站洪涝灾害的具体应急处置措施。建立变电站差异化应急处置的基本原则和差异化应急处置方案形成的基本原理，编制变电站防汛应急处置的一般过程，规范差异化应急处置方案的形成过程。以河南省 A 变电站为例，对差异化应急处置方案的编制过程进行验证。

1.4 研 究 方 法

（1）文献调研方法。通过下载电网风险评价、电网应急能力评价和电网应急处置最新相关文献，提取变电站应急处置相关理论与方法。

（2）模型评价方法。通过构建评价指标体系，确定指标权重，建立评价模型，全面开展变电站防汛综合风险评价、洪涝灾害韧性评价以及应急能力现状评价研究。

（3）问卷调查方法。通过向河南、浙江、安徽、四川、吉林、陕西、甘肃等7个省份典型代表变电站发放调查问卷，获取变电站应急能力现状评价的基础数据。

（4）深度访谈方法。通过对典型变电站进行深度访谈，访谈的形式为面对面访谈、电话访谈、微信访谈等，获取变电站洪涝灾害应急能力评价所需的风险驱动需求秩、指挥协调行动、人员抢险行动、物资调配行动和技术方案制定等指标的基础数据。

（5）实地调研方法。通过实地调研方法，获取变电站防汛风险评价、洪涝灾害韧性评价、应急能力评价、二维要素结构矩阵的建立、典型运维模式的构建、应急处置措施以及应急处置方案的制定所需的现场资料。

（6）利用德尔菲—层次分析法—专题研讨方法确定应急能力一级评价指标的权重，利用案例分析—集体磋商—头脑风暴方法确定二级评价指标的权重。

（7）对应分析和正交实验方法。利用对应分析、正交实验研究方法，构建变电站防汛风险水平——应急能力（韧性）水平的二维要素结构矩阵。

（8）要素提取方法。搜集整理国内外电网防汛运维模式的典型案例，提取关键要素，为变电站防汛运维模式提供方法支撑。

（9）逻辑推理方法。利用逻辑推理方法研究不同运维模式下变电站的应急处置措施以及应急处置方案的形成过程，最终编制完成变电站洪涝灾害应急处置方案并进行动态优化研究。

（10）归纳总结方法。利用归纳总结方法研究变电站洪涝灾害的应急处置措施和应急处置方案的形成及动态优化。

1.5 技 术 路 线 图

针对变电站防汛应急措施研究，首先通过建立不同防汛风险等级变电站防汛差异化运维策略研究，进而建立基于风险水平——应急能力水平二维要素结构矩阵的变电站应急处置措施研究，在此基础上，对不同类型变电站应急处置方案及动态优化研究，具体技术路线如图 1-14 所示。

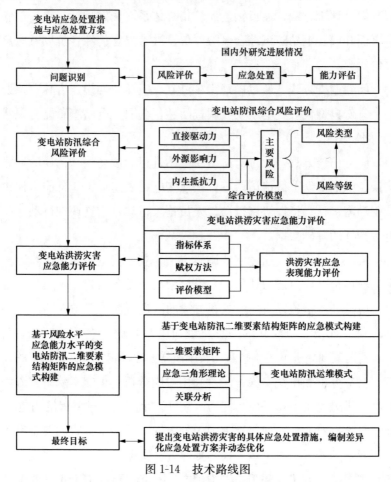

图 1-14　技术路线图

1.6　学　科　归　属

与同类书相比较，本著作以实证研究为基础，结合河南郑州 "7·20"
极端暴雨灾害具体实践，通过文献调研、要素提取、现场调研、深度访谈、
专题研讨、数理统计、参照状态、逻辑推理、要素提取、对应分析、模型构
建等一系列研究方法，本著作深入开展变电站防汛应急措施研究，旨在构建
变电站防汛风险水平——应急能力水平的二维要素结构矩阵，耦合风险水平
与应急能力水平之间对应关系，提出不同防汛风险等级变电站防汛差异化运
维策略，建立不同运维模式变电站的应急处置工作指引机制，形成不同类型

变电站的防汛应急处置措施。在此基础上，提出不同类型变电站的应急处置方案，根据要素对应行动，模式对应方案的原则，能够根据各变电站防汛突发事件（风险）要素变化的输入情况，动态优化变电站的应急处置方案。专著成果将大大提升变电站防汛应急处置措施的针对性和实用性，提高变电站防汛差异化运维和洪涝灾害防御能力，有效抵御变电站洪涝灾害风险，有力提升电网企业的针对性、安全性和稳定性。

1.7 本章小结

本章主要介绍了本著作的研究背景、目的与意义。综述了变电站防汛风险、应急处置相关的国内外研究进展。阐明了本著作的研究内容、研究方法与技术路线。界定了本著作的学科归属。

2 | 基础理论

开展变电站防汛应急措施研究，首先需要开展变电站防汛风险基础理论的研究，包括风险驱动理论、综合风险评价模型理论、基于变电站防汛抗灾知识图谱的构建系统理论、变电站防汛应急能力评价模型理论以及变电站防汛的差异化应急处置理论。这些理论为我国变电站防汛工作提供了有力的理论支撑，有助于提高防汛应急能力，确保电力系统的安全稳定运行。

2.1 风险驱动理论

George Fairbanks 在《恰如其分的软件架构》一书中将风险驱动模型（Risk-Driven Model）应用到软件架构的敏捷流程中，书中指出该模型是通过对风险进行识别和排序，确定风险优先级，选择并应用技术手段降低风险，判断风险应对和管控情况[56]。风险驱动模型以风险为中心，把暴露风险、降低风险作为核心，充分考虑风险的系统性和动态性，并较为广泛应用在软件开发和工程技术类实践中，是在其运行过程中的每一个阶段都增加风险分析的过程，根据需求风险采取针对性减缓措施，从而达到规避风险或降低风险危害的目的。风险驱动可以理解为将风险前置、关口前移，在风险发生之前先识别风险，并对其有一定防范和监测，采取必要的措施提前预防，是一种居安思危意识和准备预防理念，发现风险后及时有针对性的弥补自身应急能力建设的缺陷，这样才能更适应自身的风险状况和发展特点[57-59]。风险驱动模型的核心要素在于将风险放到极为显著的位置，只有将风险充分暴露出来，才会考虑其带来的影响。

风险驱动理论是一种心理学理论，旨在解释个体在面临风险和不确定性时的决策行为。根据这个理论，个体的决策行为受到风险的程度和个体对风险的感知影响。根据风险驱动理论，个体在面临风险时会进行一系列的认知和情感过程，以决定是否采取行动。这些过程包括对风险的感知、评估和决策。在风险驱动理论中，个体的风险感知可以受到多种因素的影响，包括个体的经验、价值观、情绪状态和社会背景等。个体对风险的感知会影响其对风险的评估，进而影响其决策行为。风险驱动理论提供了一个理论框架，可以帮助人们理解个体在面临风险时的决策行为。这对于制定风险管理策略、推动风险教育和培训等方面具有重要的意义[60]。

2.2 综合风险评价模型理论

综合风险评估模型是管理科学中的一项重要工具，其研究意义正在日益凸显。随着社会的不断发展和全球化经济的快速增长，各种形式的风险也不可避免地存在于公司、机构和个人的经营活动中。所谓综合风险评估模型，即通过多个指标和方法，对风险进行全面系统的评估和衡量。这种模型的设计旨在帮助管理者更好地理解和控制风险，并为决策提供科学依据[61]。风险管理（Risk Management）是以管理为导向，通过风险识别、风险评估、风险控制和效果评价，减少风险潜在损失和降低已有损失的一系列活动总和[62]。1995 年由澳大利亚和新西兰两国联合制定了首个国家风险管理标准，并由企业的适用扩展到"一项活动、功能、项目、产品或资产的整个寿命期的各个阶段"的应用[63]。因为风险具有较强的不确定性和易发性，所以风险管理是一个系统性、整体性、动态性的管理过程，风险管理全过程都围绕防范风险发生，或发生后尽可能地降低风险带来的损失。

风险管理通过四个步骤完成：①风险识别，即通过系统检查识别潜在风险，这一步也是风险管理的前提，风险管理的开展首先需要对风险进行识别，这样才能进行后续的工作，但是风险识别往往也是困难的，考验的是识别者的整体能力和水平；②风险评估，是在风险识别的基础上，预估风险发生的可能性及后果和风险管控措施的可行性分析，风险评估是风险管理的关键，所谓评估就是对风险的情况有一个较为清楚的认识，了解风险发生的后果和危害，对风险等级进行评判，只有这样才能更好地评估风险；③风险控制，是对识别出的风险采取针对性管控措施，将风险危害尽可能减低，风险控制是整个风险管理过程的核心，因为风险识别和风险评估后，只是对风险有一个更为清晰地认知，并不能从根本上解决风险隐患问题，所以风险控制非常重要，风险控制可以对风险活动进行直接或者间接的管控，减缓或避免风险事件的发生；④效果评价，其目的在于定期回顾评价识别、评估和控制结果，实时动态监测和管理风险变化，从而形成一个动态循环的风险管理闭环，效果评价的重点在于学习经验、吸取教训，在经验中成长，在学习中进步，不断提升管理者的风险识别能力、风险评估能力和风险控制能力，因此，效果评价是前三个环节的推动力量和作用源泉[62,64]。

采用电网企业变电站综合风险评估方法，其主要步骤包括：

第一步：建立变电站防汛风险评价指标体系。具体过程包括如下：

（1）确立"构建变电站防汛风险评价指标体系"的主要目标；

（2）将变电站防汛风险评价指标体系划分为直接驱动力模块、外源影响力模块和内生抵抗力模块；

（3）利用资料调研、深度访谈、现场调查、逻辑推理和案例分析等多种方法，从直接驱动力模块、外源影响力模块和内生抵抗力模块三个模块遴选变电站洪涝灾害的致灾因子；

（4）构建目标变电站防汛风险评价指标体系。

第二步：根据电网企业变电站洪涝灾害的要素提取、变电站防汛灾害致灾机理和变电站洪涝灾害的链式机理，构建变电站洪涝灾害的简化分析模型见图 2-1[65]。

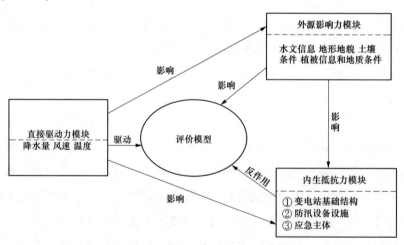

图 2-1　变电站洪涝灾害的简化分析模型

第三步：在所述评价指标体系和简化分析模型的基础上，通过频率分析法、专家评分法、熵权法和层次分析法，建立变电站防汛综合风险评估模型。电网企业变电站风险评估模型表达式见式（2-1）～式（2-4）和图 2-2～图 2-4，其特征在于耦合直接驱动力、外源影响力和内生抵抗力的复合作用力，充分考虑了变电站功能特征的影响[66]。

$$\Delta R = (\Delta R_{\mathrm{D}} + \Delta R_{\mathrm{Ex}} + \Delta R_{\mathrm{Er}}) \cdot \lambda \qquad (2\text{-}1)$$

式中：ΔR_{D} 为降雨量、风速和温度等直接驱动因子变化引发的变电站防汛风险变化值；ΔR_{Ex} 为水文信息、地势地貌、土壤条件等外生影响因子变化诱发的变电站防汛风险变化值；ΔR_{Er} 为应急观念偏差、应急意识薄弱和应急救援能力相对较差等内生抵抗力因素变化引发的变电站防汛风险变化值；λ 为风险修正特征值。

（1）直接驱动力引发的变电站防汛风险变化值计算模型：

$$\Delta R_{\mathrm{D}} = \sum_{i=1}^{3} (\Delta DFI_{\mathrm{i}} \cdot \lambda_{\mathrm{D_i}}) \qquad (2\text{-}2)$$

式中：ΔDFI_{i} 为直接驱动因子实际变化率；$\lambda_{\mathrm{D_i}}$ 值是通过简化分析模型获取的。

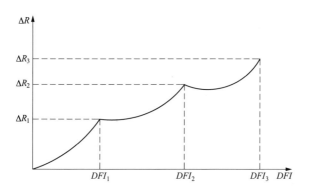

图 2-2　直接驱动力引发的变电站防汛风险变化值与致灾因子作用关系曲线

（2）外源影响力变化诱发的变电站防汛风险变化值计算模型：

$$\Delta R_{\mathrm{Ex}} = \sum_{i=1}^{N} (\Delta P_{\mathrm{i}} \cdot \lambda_{\mathrm{Exi}}) \qquad (2\text{-}3)$$

式中：ΔP_{i} 为外源影响力突变诱发的变电站防汛风险变值；λ_{Exi} 为第 i 个外生影响力因子参数值；N 为外生影响因子个数。

（3）内生抵抗力变化诱发变电站风险变化值计算模型：

$$\Delta R_{\mathrm{Er}} = \sum_{i=1}^{M} \Delta Q_{\mathrm{i}} \cdot \lambda_{\mathrm{Eri}} \qquad (2\text{-}4)$$

式中：ΔQ_{i} 为第 i 个内生抵抗力变化诱发的变电站风险变化值；λ_{Eri} 为第 i 个内生抵抗力变化诱发的变电站风险变化值；M 为内生抵抗因子个数。

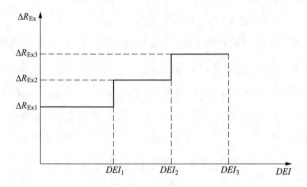

图 2-3 外源影响力引发的变电站防汛风险变化值与致灾因子作用关系曲线

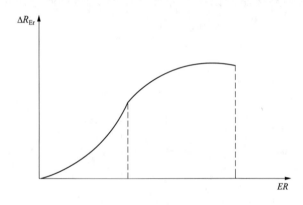

图 2-4 内生抵抗力引发的变电站防汛风险变化值与致灾因子之间的作用关系曲线

2.3 基于变电站防汛抗灾知识图谱的构建系统理论

基于变电站防汛抗灾知识图谱的构建系统如图 2-5 所示，主要技术路线分为数据收集、数据挖掘、数据标准化、要素提取和应急知识图谱五个部分[67-68]。

（1）数据收集：通过文献查询、实地调研、专题研讨、专家头脑风暴和灾害案例分析等方法，收集变电站防汛风险、应急处置相关的数据资料，为变电站防汛抗灾知识图谱的构建提供重要的数据基础。

（2）数据挖掘：通过关联挖掘、概化挖掘、聚类挖掘、预测挖掘等数据挖掘方法，深度挖掘变电站风险评价、应急能力评价、差异化运维模式和应

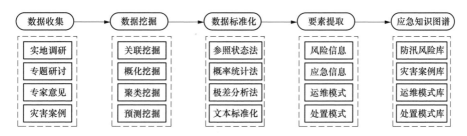

图 2-5 基于变电站防汛抗灾知识图谱的构建系统

急处置等方面的有用信息,形成变电站防汛风险基础信息库。

(3)数据标准化:通过参照状态法、概率统计法、极差分析法、文本标准化方法将前面挖掘到的有关变电站防汛风险、应急能力评价、差异化运维模式和应急处置等有用信息进行标准化处理,并通过净化、过程与匹配、集成与分割、概括与聚集、预算与推导、翻译与格式化、转换与再映像等方式对标准化数据进行重构处理,以形成不同运维模式洪涝灾害应急处置基本要素单元。

(4)要素提取:通过模拟生物种群行为特征最优化算法形成差异化运维模式下变电站洪涝灾害的精准化应急处置,形成变电站洪涝灾害风险信息、应急响应处置信息、运维模式信息和应急处置模式信息等。

(5)通过建模、概括、聚集、调整与确认、建立结构化查询等具体操作步骤,形成变电站洪涝灾害风险库、洪涝灾害数据库、运维模式数据库和应急处置模式数据库,为不同变电站洪涝灾害风险提供重要支撑。

2.4 变电站防汛应急能力评价模型理论

根据《中华人民共和国突发事件应对法》要求,应急管理可以划分为预防与应急准备、应急监测与预警、应急响应与处置、事后恢复与重建四个阶段(见图 2-6)。变电站防汛应急能力评价模型理论包括评级指标体系的构建、评价方法体系的构建和综合评价模型三个部分:

(1)评价指标体系的构建。依据应急管理"四个阶段理论"及电网的实际,电网预防企业应急管理四个阶段的工作内容主要包括:

1)预防与应急准备阶段:一是做好风险分析工作;二是建立健全应急组织体系;三是做足应急保障工作;四是编制科学合理的应急预案;五是注

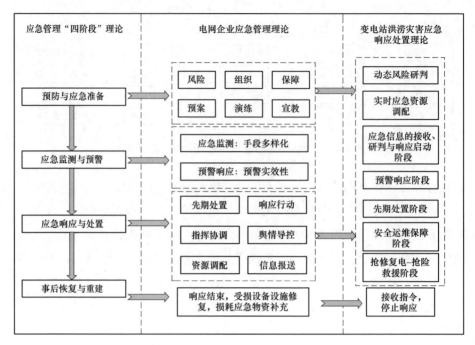

图 2-6　变电站应急管理任务机制分析

重应急演练的实效性；六是强化应急宣传教育工作。

2）应急监测与预警阶段：一是做好应急监测工作，应急监测信息来源的多元化是开展有效预警的前提和关键；二是预警响应做到：预警响应主体明确、预警响应启动条件科学合理、预警响应流程清晰、预警响应关键时间节点精确、预警响应行动措施具体可操作。

3）应急响应处置阶段：一是做好先期处置工作，主要集中在电网的基层单位；二是做好指挥协调工作，应明确现场指挥部及办公室的设置与职责、应急处置小组的设置与职责分工；三是做好应急队伍的调遣和应急物资装备的调配工作；四是做好应急响应处置行动工作，对于电网而言，应急响应处置的重点集中在应急供电保障、抢险救援和抢修复电等方面，这部分工作特别需要注意部门之间的协同联动；五是做好电力应急相关的舆情导控工作，做到对外发布信息统一出口，不随便散布、传播电力应急相关的信息；六是做好信息报送工作，洪涝灾害发生过程中应急信息的动态收集、风险研判、信息报送与发布工作也是电网应急响应处置的关键所在。

4）事后恢复重建阶段：应急响应处置结束后，主要做好总结评估、受损设备设施的修复以及损耗应急物资装备的补充等。

依据《突发事件应急预案管理办法》，变电站作为电网企业的基层组织，应重点做好先期处置、信息报送和疏散撤离三个方面的工作。变电站洪涝灾害应急处置工作应主要围绕洪涝灾害动态风险研判、实时应急资源调配、应急信息的接收、研判与响应启动、预警响应、先期处置、安全运维保障、抢险救援、抢修复电等方面的内容。

变电站洪涝灾害应急能力评价指标的选取应围绕其应急管理工作的核心内容，结合变电站洪涝灾害风险的实际，坚持科学性、客观性、代表性和数据的易得性，建立变电站洪涝灾害应急能力评价的指标体系。

（2）评估方法体系的构建。应急能力评价方法见表 2-1。

表 2-1　　　　　　　　　　　　应急能力评价方法

评价模型	代表性方法	特　　点
数学模型	综合指数法[69]	体现应急能力评价的综合性、整体性和层次性，但易将问题简单化，难以反映系统本质
	层次分析法[70]	评价指标优化归类，需要定量化数据较少，但随意性较大，难以准确反映生态环境及生态安全评价领域实际情况
	灰色关联度法[71]	对系统参数要求不高，特别适应尚未统一的生态安全系统，但分辨系数的确定带有一定主观性，从而影响评价结果的精确性
	物元评判法[72]	有助于从变化的角度识别变化中的因子，直观性好，但关联函数形式确定不规范，难以通用
	主成分投影法[73]	克服指标间信息重叠；客观确定评价对象的相对位置及安全等级，但未考虑指标实际含义，易出现确定的权重与实际重要程度相悖情况
	模糊综合法[74]	考虑生态安全系统内部关系的错综复杂及模糊性，但模糊求属函数的确定及指标参数的模糊化会掺杂人为因素并丢失有用信息
	BP 网络法[75]	指标权值自动适应调整并可根据不同需要选取随意多个评价参数建模，具有很强的适应性，但收敛速度慢、易陷入局部极小值
	熵权法[76]	熵权法确定评价指标权重，克服了很多评价指标没有统一标准的问题，减少了人为主观性对评价过程的干扰
	模糊模式识别法[77]	以相对隶属度和相对隶属函数为基础，以参考连续系统上的两极及中介的线性变化为相对统一的参照系，不仅继承了隶属度的优点，还克服了最大隶属原则的不适用性，全面反映各指标对结果的综合效应与事物的真实状态

基于数学模型的各种数理统计方法，在实际评价中很难做到尽善尽美。因此，不少学者在综合上述各种方法优点基础上，开发了多种方法相结合的复合评价模型，如：

1) FDA（模糊综合评价—层次分析—主成分分析）模型基本原理是将模糊综合评判方法与层次分析法（AHP）相结合，并通过主成分分析方法（PCA）引导 AHP 层次结构的建立并由 AHP 完成评价[78]。FDA 方法的最大优点是它使评价过程完全定量并使评价指标优化归类，简化评价过程，结果定量并相对客观可信。

2) 多级模糊综合评价—灰色关联优势分析模型。阎伍玖（1999）[80]运用了灰色系统理论中的关联度分析法，通过灰色关联优势分析，建立了多级模糊综合评价—灰色关联优势分析复合模型，充分利用模糊综合评价结果所提供的信息，对评价结果作深入细致地分析与评价，不仅解决了模糊综合评价模型应用时可能出现的矛盾情况，而且评价结果更为精确可靠。

3) 层次分析—变权—模糊—灰色关联复合模型。左伟等（2005）[81]根据研究对象的本质特征，在分析现有评价模型的基础上，采取层次分析方法、灰色系统方法、模糊数学方法、变权方法等对研究对象的综合评价模型进行最优化的复合，提出并采用层次分析—变权—模糊—灰色关联复合模型，以获得更加贴近实际情况的评价结果。

就本质而言，变电站防汛应急能力评价属多指标综合评价，包括指标数据量化、指标权重确定和多指标综合计算 3 个重要方面。指标数据量化是顺利开展评价工作的基础；指标权重确定是保证评价成果合理的关键；多指标综合计算是对评价对象做出整体评价。依据逻辑清晰和操作简便原则，可将应急能力评价方法归为如表 2-2 所示体系。

表 2-2　　　　　　　　　应急能力评价方法体系

项目	亚类方法		代表方法
数学模型法	指标数据量化法		极差分类法，专家分类法，标准权衡法
	指标权重确定法		专家确定法，层次分析法，主成分分析法，灰色关联法，模糊评判法
	多指标计算法	单一模型法	综合指数法，模糊评判法，灰色关联法，变权模型法，物元评判法，主成分投影法，模糊模式识别法
		复合模型法	加乘复合模型法，多级模糊—灰关联复合模型法，模糊—变权复合模型法，层次分析—变权—模糊—灰关联复合模型法

数学模型法分为指标数据量化方法、指标权重确定方法和多指标综合计算方法 3 个层次，便于理解评价工作步骤，3 层次亚类方法相互联系有机整合，共同完成既定尺度评价任务。专家分类法既能量化指标数据，又能确定指标权重；层次分析法常用来建立指标体系和确定指标权重，不宜当作单一模型法理解；模糊评判法和灰色关联法既确定指标权重，又能计算多指标综合评价数值；多指标综合计算复合模型法实质是认识到单一模型法缺陷（如综合指数法因子分级和因子权重过于僵硬，不能准确反映应急能力渐变性及过渡性等特征），所作的针对性改进。

（3）防汛应急能力综合评价模型为

$$I = \sum_{i=1}^{n} \left(\sum_{j=1}^{m} P_{ij} W_{ij} \right) W_i \tag{2-5}$$

式中：I 为应急能力指数；n 为应急能力构成的要素个数；m 为应急能力第 i 个要素的指标个数；P_{ij} 为第 i 个构成要素的第 j 项指标标准化后的值，最低得分 0 分，最高得分 100 分；W_{ij} 为第 i 个构成要素的第 j 个指标在其中的权重；W_i 为第 i 个要素的权重。

根据应急能力评价体系等级模型，应急能力评价结果表现为应急能力指数以及等级描述。应急能力级别分为 5 级：

A 级：应急能力指数 90～100 分；

B 级：应急能力指数 80～89 分；

C 级：应急能力指数 60～79 分；

D 级：应急能力指数 40～59 分；

E 级：应急能力指数 0～39 分。

2.5 变电站防汛的差异化应急处置理论

不同类型变电站的时空分布特征不同，面临的主要风险不同，其自身的应急能力现状水平亦有差异。需根据变电站自身特点和所处环境在目标研究区域变电站时空分布特征的基础上，以变电站风险水平差异化和应急能力水平差异化为抓手，构建变电站防汛风险水平——应急能力水平的二维要素结构矩阵，提炼出基于二维要素的变电站典型运维模式，建立变电站防汛突发事件（风险）的差异化运维模式库。变电站差异化应急处置理论框架如图 2-7 所示。

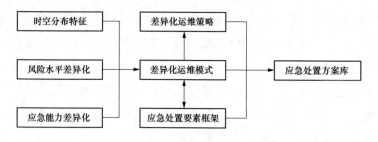

图 2-7 变电站差异化应急处置理论框架

依据应急管理的全流程理论，不同运维模式变电站的应急处置方案存在很大差异，且不同应急处置要素作用下同一运维模式的应急处置措施亦存在很大差异，故建立不同模式和不同要素作用下的应急处置方案具有十分重要的理论及现实意义。差异化应急处置的关键在于：①不同运维模式与对应应急处置方案的匹配。应根据其风险水平和应急能力水平，定期评估其应急处置方案的适用性和有效性。这包括对已有应急处置方案的回顾和总结，以及对新出现的风险和应急情况的研究和分析。通过对应急处置方案的不断优化，可以确保其在应对突发事件时能够发挥最大效果。②同一模式下不同应急处置要素与具体应急响应行动的匹配。需要及时调整应急响应行动，以保证其在实际应急情况中的有效性。这需要对应急处置要素进行持续的关注和研究，以便对其变化趋势有清晰的认识。同时，也需要对应急响应行动进行定期培训和演练，以确保变电站工作人员在突发事件发生时能够迅速、准确地执行应急措施。此外，还需要建立一套完善的应急处置评估和反馈机制。通过对每次应急处置过程的回顾和总结，可以找出应急处置中的问题和不足，进一步优化和调整应急处置方案。因此，针对某一具体变电站，首先是运维模式以及对应应急处置方案的确定，当应急处置要素发生变化时，相应的应急响应行动需要调整，相应的应急处置方案也需要进一步优化与调整，最终形成变电站的差异性应急处置理论，结果如图 2-8 所示。

在变电站防汛风险评估和应急能力评价的基础上，构建变电站防汛风险水平——应急能力水平的二维要素结构矩阵，提炼出变电站防汛运维的典型模式，构建变电站防汛的差异化运维模式库[82]。结合防汛风险的二维要素结构矩阵和差异化运维模式，建立变电站应急处置要素与风险水平、应急能力现状之间的关系模型，深度剖析三者之间的相互作用关系，编制枢纽变电

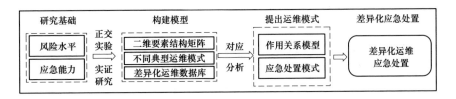

图 2-8 变电站差异化应急处置方案的形成过程

站、城市中心站、低洼（地下）变电站、河道附近或蓄滞洪区内变电站等不同运维模式变电站的应急处置方案，具体过程如下：①综合剖析不同类型变电站的运行信息、地理信息、管理信息及外部信息等基础数据；②从组织保障、队伍保障、物资保障、技能保障、应急预案和应急演练等方面评价不同变电站的应急保障能力；③根据风险水平、应急能力现状以及现实需求情况，确定各失电区域恢复供电的顺序；④通过耦合指挥协调行动（应急指挥、应急协调、应急联动）、人员抢救行动（队伍调遣控制、抢险救援行动效果）、物资调配行动（物资空间分布、调配机制、最优路径选取等）、技术方案制定（进站道路技术、排水沟技术、防汛挡板技术、防洪墙技术、围堰技术、排水泵抽排技术、泄水孔技术、排水通道技术、防鼠防汛挡板技术、水泵远程集控系统技术、电缆沟—隧道水位监测技术和微气象监视系统技术等）等关键环节，制定科学有效的先期处置方案；⑤通过与政府防办、防汛指挥部各成员单位、电网企业内部之间的信息沟通，保障应急资源的优化调配和应急处置效果的最优；⑥必要时对变电站周边受威胁的群众、工作人员和应急抢险队伍进行疏散转移；⑦形成灾害变化过程中基于 16T 二维要素结构矩阵的不同类型变电站应急处置方案数据库，根据要素对应行动，模式对应方案的原则，能够根据各变电站防汛突发事件（风险）要素变化的输入情况，动态输出相对应的具体应急处置方案[83]。

2.6 本 章 小 结

本章建立了变电站防汛应急处置的基础理论，包括风险驱动理论、综合风险评价模型理论、基于变电站防汛抗灾知识图谱的构建系统理论、变电站防汛应急能力评价模型理论和变电站防汛的差异化应急处置理论。

3 变电站防汛综合风险评价研究

变电站是电网企业的核心资源，也是重要的基础设施，在承担电力输配和地区电力供应方面发挥着重要的枢纽作用，对电力系统运行的稳定和可靠性起到十分重要的作用。变电站的正常运行是保障电网安全可靠供电的必要条件，对各个城市社会经济的稳定发展、人民群众的生命财产安全起着至关重要的作用。

然而，随着社会经济的飞速发展，城市能源消费呈现高态位增长趋势，CO_2 浓度水平亦呈现出显著上升的趋势，气温也随之呈现显著上升的趋势。全球气候变暖现象导致类似于 2021 年河南 "7·20" 极端暴雨灾害等极端性强降雨天气的发生频次越来越高，极端性强降雨天气所造成的洪涝问题越来越严重，可能会导致多个变电站受淹停运，给变电站的安全运行带来了严峻的挑战。我国不同地区每逢夏季暴雨洪涝频发，地势较低的变电站内易受内涝影响，且部分变电站为无人值守站，一旦遭遇内涝，将严重威胁着变电站安全运行，产生重大人员伤亡和经济损失。

2012 年北京极端暴雨灾害、2016 年河南新乡极端暴雨灾害、2021 年河南 "7·20" 极端暴雨灾害、2023 年河北涿州暴雨灾害，均造成变电站严重受淹，被迫或主动停运重要用户停电、负荷受损。尤其是 2021 年河南 "7·20" 极端暴雨灾害后，河南全省因灾停运（含主动停运）35kV 及以上变电站 42 座、35kV 及以上输电线路 47 条、10kV 配电线路 1807 条，全省 5.8 万个台区、374.33 万用户、118 个重要用户因灾停电，主要集中在郑州、新乡、鹤壁、安阳、焦作、许昌 6 地市，其中郑州地区波及近 1/3 区域，给城市运行安全及人们的生命财产安全造成巨大的危害。可见，开展变电站防汛综合风险评价方面的研究迫在眉睫。

本著作选取河南省不同类型变电站为研究对象，利用变电站综合风险评估方法，对其防汛综合风险水平进行全面的评价研究，为变电站防汛突发事件的科学有效应对提供重要的数据支持。

3.1 数据来源与研究方法

3.1.1 数据来源

变电站防汛综合风险评价研究的基础数据主要来源于国网河南省电力公司统计数据；降水量、温度和风力等气象数据来源于历年河南省统计年鉴、河南省气象局；变电站组成人员抵抗洪涝灾害风险的脆弱性因素的数据来源于问卷调查数据；变电站基础设施韧性评价数据主要来源于现场调研数据。

3.1.2 变电站防汛风险评估方法与过程

变电站防汛综合风险评估方法见课题组自主研发的国家发明专利[66]。变电站防汛风险评估的过程如图 3-1 所示，主要过程包括：

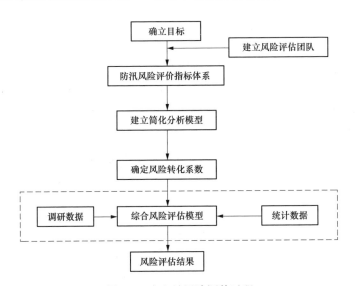

图 3-1　变电站风险评估过程

第一步：选择评估对象，确定评估目标。

第二步：组建变电站防汛风险评估团队，团队组长由国网河南省电力公司电力科学研究院电力气象专业高级专家担任，成员主要包括市县（区）级电力公司变电专业高级专家、高校（科研院所）防汛专家、省级应急管理专家、变电站运维班组负责人以及变电站运维一线员工（从业年限超过 5 年）等人员组成。

第三步：建立变电站防汛风险评价指标体系。从变电站防汛风险直接驱动力模块、外源影响力模块和内生抵抗力模块构建变电站防汛风险评价指标体系。

第四步：建立变电站洪涝灾害的简化分析模型。根据电网企业变电站洪涝灾害的要素提取、变电站防汛灾害致灾机理和变电站洪涝灾害的链式机理，构建变电站洪涝灾害的简化分析模型。

第五步：建立变电站防汛风险综合评估模型。在评价指标体系和简化分析模型的基础上，通过频率分析法、专家评分法、熵权法和层次分析法，确定风险转化系数，建立变电站防汛综合风险评估模型。

第六步：评估结果分析。综合运用统计数据和调研数据，对各变电站防汛综合风险情况进行深入分析。

3.2 变电站防汛风险影响因素分析

3.2.1 变电站汛期因灾停运情况分析

受暴雨灾害影响，变电站的安全稳定运维受到了极大的挑战。2021年7月暴雨灾害期间，河南省各变电站出现了不同程度的因灾停运现象，本著作选取的研究对象为45座主动停运变电站，包括超高压、郑州、安阳、新乡、许昌、焦作、鹤壁、开封、三门峡和平顶山分别有1、9、8、11、4、3、4、1、1座和3座。其中，新乡、郑州和安阳主动停运的变电站数量最多，分别占全省总数的24.44%、20%和17.78%。主动停运的原因主要为暴雨积水和泄洪（漫堤）避险，分别占主动停运原因变电站的比例为46.67%和51.11%（见表3-1）。可见，恶劣的天气条件是导致变电站停运的根源。

表 3-1   2021 年暴雨灾害期间全省变电站因灾停运的情况分析

序号	单位	站名称	电压等级（kV）	主动停运原因	诱发原因
1	超高压	HN01 变电站	500	暴雨积水	降水量较大，站外积水 0.5m，洪水倒灌
2	郑州	HN02 变电站	110	暴雨积水	降水量较大，城区内积水较深导致内涝
3		HN03 变电站	110	暴雨积水	
4		HN04 变电站	110	暴雨积水	
5		HN05 变电站	110	暴雨积水	
6		HN06 变电站	110	暴雨积水	

续表

序号	单位	站名称	电压等级 (kV)	主动停运原因	诱发原因
7	郑州	HN07 变电站	110	暴雨积水	降水量较大，城区内积水较深导致内涝
8		JN08 变电站	35	暴雨积水	
9		HN09 变电站	110	泄洪（漫堤）避险	降水量较大，郑州多地水库出现险情，相国寺水库、常庄水库泄洪，氾水河漫堤
10		HN10 变电站	110	泄洪（漫堤）避险	常庄水库泄洪，导致贾鲁河超过历史最高水位1.71m，相应流量600m³/s，漫堤
11	安阳	HN11 变电站	220	暴雨积水	降水量较大，城区内积水较深导致内涝。 洪河、茶店河、羡河均超保运水位，紧急启用广润坡、崔家桥2个蓄滞洪区
12		HN12 变电站	220	暴雨积水	
13		HN13 变电站	220	暴雨积水	
14		HN14 变电站	110	泄洪（漫堤）避险	
15		HN15 变电站	110	泄洪（漫堤）避险	
16		HN16 变电站	110	泄洪（漫堤）避险	
17		HN17 变电站	110	泄洪（漫堤）避险	
18		HN18 变电站	110	泄洪（漫堤）避险	
19	新乡	HN19 变电站	110	暴雨积水	降水量较大，城区内积水较深导致内涝
20		HN20 变电站	110	暴雨积水	
21		HN21 变电站	110	暴雨积水	
22		HN22 变电站	110	泄洪（漫堤）避险	降水量和上游来水较大，卫河、共产主义渠、子牙河发生超历史最高水位洪水，相继启用良相坡、共渠西、长虹渠和柳位坡4个蓄滞洪区
23		HN23 变电站	110	泄洪（漫堤）避险	
24		HN24 变电站	110	泄洪（漫堤）避险	
25		HN25 变电站	110	泄洪（漫堤）避险	
26		HN26 变电站	110	泄洪（漫堤）避险	
27		HN27 变电站	110	泄洪（漫堤）避险	
28		HN28 变电站	35	泄洪（漫堤）避险	
29		HN29 变电站	35	泄洪（漫堤）避险	
30	许昌	HN30 变电站	110	泄洪（漫堤）避险	双洎河上游登封、新密、新郑来水量较大，7月21日佛耳岗水库泄洪
31		HN31 变电站	110	泄洪（漫堤）避险	
32		HN32 变电站	35	泄洪（漫堤）避险	
33		HN33 变电站	35	泄洪（漫堤）避险	

序号	单位	站名称	电压等级 (kV)	主动停运原因	诱发原因
34	焦作	HN34 变电站	110	暴雨积水	孤山水库泄洪，大沙河、群英河、瓮涧河、群英河、白马门河、普济河等河道泄洪，导致市内积水严重，内涝
35		HN35 变电站	35	暴雨积水	
36		HN36 变电站	220	泄洪（漫堤）避险	
37	鹤壁	HN37 变电站	35	暴雨积水	降水量较大，积水较深导致内涝
38		HN38 变电站	35	暴雨积水	
39		HN39 变电站	35	暴雨积水	
40		HN40 变电站	110	泄洪（漫堤）避险	降水量和上游来水较大，启用白寺坡蓄滞洪区
41	开封	HN41 变电站	35	泄洪（漫堤）避险	上游来水量较大，贾鲁河超过历史最高水位 1.71m，相应流量 600m³/s。距贾鲁河直线距离 1.5km 左右
42	三门峡	HN42 变电站	35	泄洪（漫堤）避险	上游水库泄洪，洛河水位上涨、漫堤，倒灌。距洛河直线距离 0.5km 左右
43	平顶山	HN43 变电站	110	暴雨积水	9 月 24～25 日，强降水导致站区排水管道倒溢，站外积水倒灌
44		HN44 变电站	35	山洪冲击	8 月 22 日暴雨导致山洪，围墙倒塌，洪水倒灌
45		HN45 变电站	35	暴雨积水	9 月 24～25 日，强降水导致站区排水管道倒溢，站外积水倒灌

3.2.2 气象条件对变电站防汛风险的影响分析

1. 气温变化

近年来，随着社会经济的持续增长，碳排放量水平维持在一个相对较高的水平，大气 CO_2 浓度呈现持续上升的趋势，这使得河南省年平均气温亦呈现出持续上升的趋势，如全省 2021 年的平均气温比 1969 年增加了2.4℃（见图 3-2），气温的上升增加了暴雨灾害等极端性天气现象发生的频率。

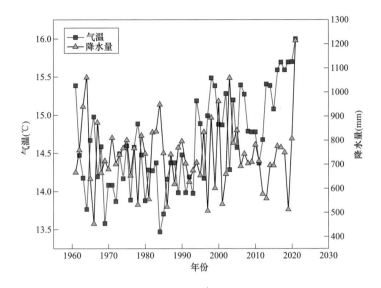

图 3-2　1961～2021 年河南省年平均气温和降水量变化曲线

除三门峡、商丘和南阳无显著增长趋势以外，近年来全省各地市气温也呈现出上升的趋势，不同区域气温上升的趋势各不相同：

（1）除了焦作、济源外，豫北地区各地市的年平均气温均低于全省年平均气温值，安阳、濮阳和鹤壁三个地市年平均气温显著低于全省平均值。从豫北地区分析，安阳、新乡、焦作、濮阳、鹤壁和济源六个地市年平均气温呈现上升的趋势（见图 3-3）。与 2015 年相比，六个地市 2021 年的平均气温分别上升了 1、0.7、2.1、0.9、0.6℃ 和 0.8℃。气温的持续上升导致极端暴雨天气发生频率的增加。

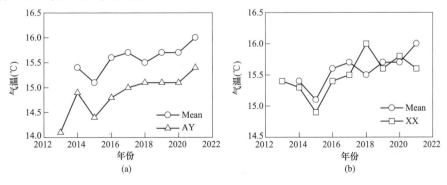

图 3-3　2013～2021 年豫北地区年平均气温变化情况（一）

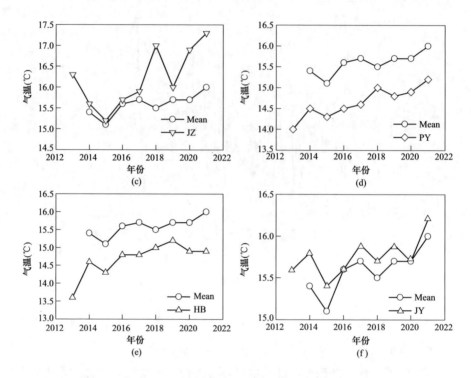

图 3-3　2013～2021 年豫北地区年平均气温变化情况（二）

（AY：安阳；XX：新乡；JZ：焦作；PY：濮阳；HB：鹤壁；JY：济源；Mean：全省平均值）

（2）对于豫东地区，周口年平均气温高于全省平均值，开封的年平均气温接近全省平均值，商丘年平均气温低于全省平均值，且其年平均气温呈现出"波动式"变化趋势，并未发现其呈现增长趋势（见图3-4）。与 2015 年相比，周口、开封两个地市年平均气温均增长了 1.6℃，温度的持续上升导致了极端暴雨天气的出现，这给汛期变电站运维带来了十分严峻的挑战。

（3）豫南地区：南阳、驻马店和信阳三个地市气温均高于全省平均气温。2013 年南阳、驻马店两个地市的气温达到一个峰值，2014 年有所下降，之后整体上呈现上升趋势（见图 3-5）。

（4）豫西地区：洛阳和三门峡气温显著低于全省平均值。其中洛阳市年平均气温整体呈现上升趋势，如该地市平均气温从 2015 年的 14.5℃ 上升到2021 年的 15.8℃，平均气温增长了 1.2℃。三门峡年平均气温呈现出"波动式"变化（见图 3-6）。

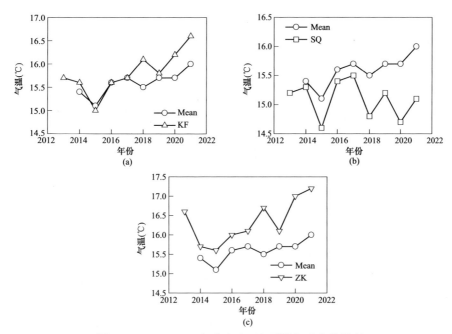

图 3-4 2013～2021 年豫东地区年平均气温变化情况
（KF：开封；SQ：商丘；ZK：周口；Mean：全省平均值）

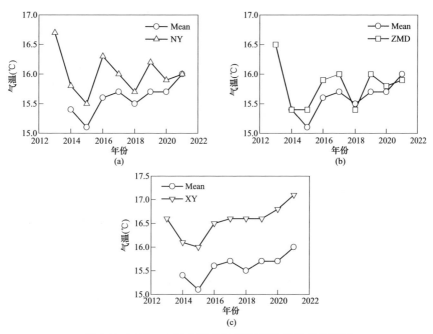

图 3-5 2013～2021 年豫南地区年平均气温变化情况
（NY：南阳；ZMD：驻马店；XY：信阳；Mean：全省平均值）

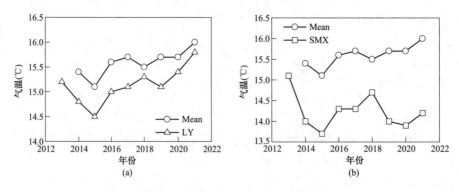

图 3-6　2013～2021 年豫西地区年平均气温变化情况

（LY：洛阳；SMX：三门峡；Mean：全省平均值）

（5）豫中地区：除郑州地区年平均气温显著高于全省平均值以外，许昌、平顶山、漯河三个地市年平均气温与全省均值接近（见图 3-7），城市的"热岛效应"、人口规模大、城镇化率水平高、汽车保有量显著增长、产业结构的不合理、能源消费结构不合理等因素是导致郑州气温升高的重要驱动因素。

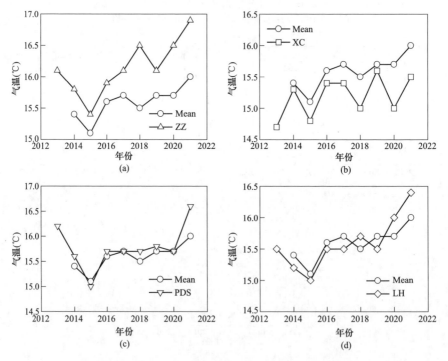

图 3-7　2013～2021 年豫中地区年平均气温变化情况

（ZZ：郑州；XC：许昌；PDS：平顶山；LH：漯河；Mean：全省平均值）

综上，整个河南省，特别是焦作、开封、周口和郑州等地市的年平均气温呈现持续上升的趋势，这进一步导致极端性暴雨天气发生频率增加，给各变电站汛期的安全运维造成十分严重的困扰。

2. 降水量变化

由图 3-2 可以看出，河南省的降水量呈现出波动式变化趋势，1964、1984、2003 年和 2021 年分别出现一个峰值，特别是 2021 年的降水量达到一个极大值，如 2021 年，豫中、豫东、豫西、豫南和豫北五个地区所有地市的降水量均达到峰值（见图 3-8～图 3-12），这直接导致 2021 年河南省出现

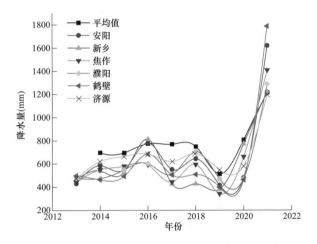

图 3-8　2013～2021 年豫北地区各地市年降水量变化情况

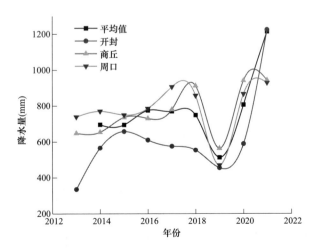

图 3-9　2013～2021 年豫东地区各地市年降水量变化情况

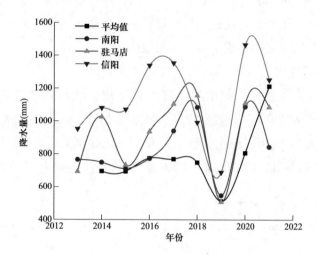

图 3-10　2013～2021 年豫南地区各地市年降水量变化情况

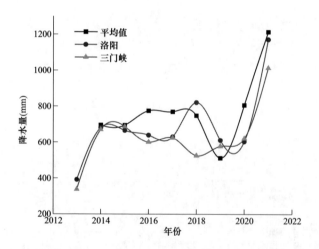

图 3-11　2013～2021 年豫西地区各地市年降水量变化情况

大范围的暴雨灾害，损失相当惨重。统计分析表明，降水量较高的地区主要集中在豫南地区（见图 3-10）。短时间高强度降水、特定的水文地质条件、地势条件等因素耦合作用导致极端性暴雨灾害时有发生。

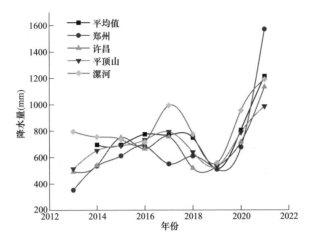

图 3-12　2013～2021 年豫中地区各地市年降水量变化情况

2021 年夏季，全省平均降水量 662.7mm，较常年同期偏多 66％，比 2020 年同期偏多 24％，为 1961 年以来同期最多（见图 3-13）。各地夏季降水量为 331.9mm（卢氏）～1252.1mm（卫辉），豫西、豫西南、豫东的大部和豫南、豫中、豫北的局部在 600mm 以下；豫北大部、郑州大部及豫南局部在 800mm 以上；其余地区为 600～800mm。与常年同期相比，豫南、豫西南的局部偏少小于 30％，全省绝大部分地区偏多 1～2.5 倍，其中豫北绝大部分地区、豫中北部（郑州）和豫西局部偏多 1 倍以上。2021 年夏季降水分布情况如图 3-14 所示。

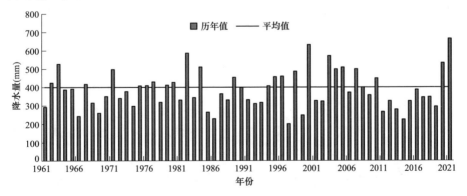

图 3-13　度夏期间全省平均降水量历年变化

17 日 8 时至 23 日 8 时，郑州市累计降雨 400mm 以上面积达 5590km²，

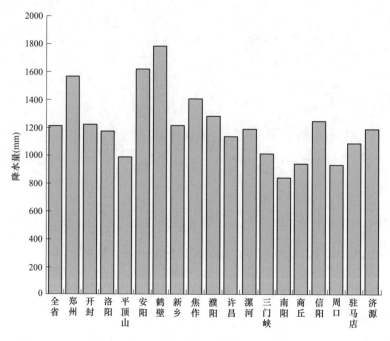

图 3-14　2021 年河南省降水量实况分布图

600mm 以上面积达 2068km²。其中，二七区、中原区、金水区累计雨量接近 700mm，巩义、荥阳、新密市超过 600mm，郑东新区、登封市接近 500mm。这轮降雨折合水量近 40 亿 m³，为郑州市有气象观测记录以来范围最广、强度最强的特大暴雨过程。最强降雨时段为 19 日下午至 21 日凌晨，20 日郑州国家气象站出现最大日降雨量 624.1mm，接近郑州平均年降雨量（640.8mm），为建站以来最大值（189.4mm，1978 年 7 月 2 日）的 3.4 倍。其中，20 日午后强降雨从西部山丘区移动到中心城区，强度剧烈发展，15~18 时小时雨强猛增，16~17 时出现 201.9mm 的极端小时雨强，突破我国大陆气象观测记录历史极值（198.5mm，1975 年 8 月 5 日河南林庄）。

　　虽然河南省的暴雨灾害并未出现显著上升的趋势，但短期强降雨天气现象的频繁出现直接导致河南省几乎每年都会出现不同程度的暴雨洪涝灾害，对周边居民及社会经济造成严重的危害，同时也给变电站汛期的安全运维带来了严峻的挑战，使得暴雨灾害成为河南省发生频率最高的气象灾害，如 2003~2019 年间，暴雨洪涝灾害作为主要气象灾害的年份高达 16 年，发生频率高达 94.12%，占所有主要气象灾害的比例为 25.81%（见表 3-2）。

表 3-2   2003～2019 年河南省自然灾害统计情况

气象灾害类型	频次	频率（%）	占比（%）
暴雨洪涝	16	94.12	25.81
干旱	12	70.59	19.35
局地强对流	12	70.59	19.35
高温	3	17.65	4.84
大雾	5	29.41	8.06
大风/冰雹	3	17.65	4.84
低温冷冻害和雪灾	6	35.29	9.68
低温冷冻害	2	11.76	3.23
干热风	1	5.88	1.61
雾霾	2	11.76	3.23

3.2.3   水文条件对变电站防汛风险的影响分析

当遭受暴雨灾害影响时，站区附近的河流、水库等分布情况对变电站防汛风险具有十分重要的影响。河流规模越大，变电站距离河流的距离越近，越容易出现变电站受淹成灾情况。在调研的"7·20"暴雨灾害期间主动停运的 45 座变电站中，5km 内无河流、水库的变电站仅有 6 座，占比为 13.33%，而 2km 内有河流、水库分布的占比 66.67%（见图 3-15），这表明变电站周边河流的分布加重了暴雨灾害对变电站的影响，如郑州的 QC 变电站站区西侧紧邻南水北调总干渠，西南约 2km 左右为东风渠和潮河，东北方向 4km 左右为贾鲁河，这导致"7·20"特大暴雨期间，受贾鲁河泄洪影响，变电站内涝严重，全站最高水位超过 1m（见图 3-16），10kV 高压室水位 0.6m，全站设备被迫停运，设备浸泡达 5 天之久，造成 110kV 组合电器

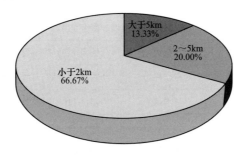

图 3-15 "7·20"暴雨灾害期间主动停运变电站的水文情况分析

机构损坏，10kV 开关柜进水，地坪、围墙等建筑物地基塌陷、主控楼渗漏雨、室外照明线路故障等问题。

图 3-16 "7·20"暴雨灾害期间 QC 变电站全站最高水位图

3.2.4 地形地势对变电站防汛风险的影响分析

变电站的地形地势条件对变电站防汛风险具有非常重要的影响。变电站的地势条件决定了站内外雨水的流向，如在重点调研的 46 座变电站中，有 18 座（占比 39.13％）变电站地势低于周边地区（见表 3-3），一旦形成地表径流，非常容易发生雨水倒灌，致使站区洪涝灾害影响更加严重。周边土地的过度开发、城市化过程推进导致的周边土地用途变更是导致周边地区地势增高的最重要原因。

表 3-3 重点调研变电站地势信息统计表

站名	地势情况	站名	地势情况
安阳 110kV 1#变电站	高于周边	新乡 110kV 3#变电站	高于周边
安阳 110kV 2#变电站	高于周边	新乡 110kV 4#变电站	低于周边
安阳 110kV 3#变电站	高于周边	新乡 110kV 5#变电站	高于周边
安阳 110kV 4#变电站	高于周边	新乡 110kV 6#变电站	高于周边
安阳 110kV 5#变电站	高于周边	新乡 110kV 7#变电站	高于周边
安阳 220kV 1#变电站	基本持平	新乡 110kV 8#变电站	高于周边
安阳 220kV 2#变电站	高于周边	新乡 110kV 9#变电站	高于周边
安阳 220kV 3#变电站	基本持平	许昌 35kV 1#变电站	高于周边
鹤壁 35kV 1#变电站	持平	许昌 35kV 2#变电站	低于周边

续表

站名	地势情况	站名	地势情况
鹤壁 35kV 2#变电站	持平	许昌 110kV 1#变电站	高于周边
鹤壁 35kV 3#变电站	低于周边	许昌 110kV 2#变电站	低于周边
鹤壁 110kV 1#变电站	高于周边	郑州 35kV 1#变电站	持平
焦作 35kV 1#变电站	高于周边	郑州 110kV 1#变电站	低于周边
焦作 110kV 1#变电站	低于周边	郑州 110kV 2#变电站	持平
焦作 220kV 1#变电站	低于周边	郑州 110kV 3#变电站	低于周边
平顶山 35kV 1#变电站	低于周边	郑州 110kV 4#变电站	持平
平顶山 35kV 2#变电站	低于周边	郑州 110kV 5#变电站	低于周边
平顶山 110kV 1#变电站	低于周边	郑州 110kV 6#变电站	低于周边
三门峡 35kV 1#变电站	持平	郑州 110kV 7#变电站	低于周边
新乡 35kV 1#变电站	低于周边	郑州 110kV 8#变电站	持平
新乡 35kV 2#变电站	高于周边	超高压 500kV 1#变电站	高于周边
新乡 110kV 1#变电站	低于周边	超高压 500kV 2#变电站	低于周边
新乡 110kV 2#变电站	高于周边	开封 35kV 1#变电站	低于周边

变电站的地形条件决定了站区内容易积水区域的位置分布情况以及雨水的径流方向（见图 3-17 和图 3-18）。

图 3-17 焦作 220kV1#变电站区内地势较低区域分布（图中深色区域为站内较低处）

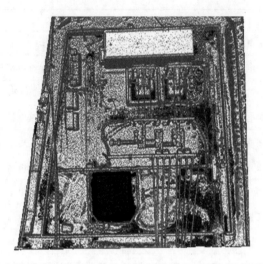

图 3-18　郑州 110kV6♯变电站区内地势较低区域分布（图中深色区域为站内较低处）

3.2.5　变电站及基础设施对其防汛风险的影响分析

变电站的修建年份显著影响变电站基础设施的韧性水平，如在"7·20"暴雨灾害期间主动停运的 45 座变电站中，修建年份小于 5 年的仅有 7 座，占比仅为 15.56％，修建年份小于 10 年的仅有 12 座，占比 26.67％，修建年份超过 20 年的变电站占比高达 44.44％（见图 3-19），基础设施老化、破损等因素也是导致变电站遭受暴雨灾害严重影响的重要原因（见图 3-20）。

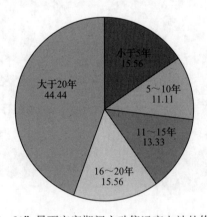

图 3-19　"7·20"暴雨灾害期间主动停运变电站的修建年限统计

图 3-20　焦作 220kV 1♯变电站主控室门口墙体脱落

3.3　综合风险评价结果分析

选取河南省范围内 437 座 220kV 和 500kV 变电站作为评估对象,通过综合风险评价,得出评价结果如图 3-21 和图 3-22 所示。在调研的 437 座变电站中,高风险水平变电站有焦作 220kV 潭王变电站、商丘 220kV 睿德变电站、郑州 500kV 嵩山变电站、郑州 220kV 徐庄变电站、郑州 220kV 石佛变电站、新乡 220kV 秋山变电站和安阳 220kV 优创变电站等 25 座变电

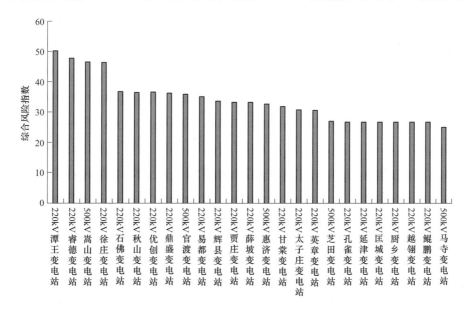

图 3-21　河南省高风险变电站分布情况统计

站（见图 3-21），较高风险水平变电站有鹤壁 500kV 朝歌变电站、新乡 500kV 冀州变电站、驻马店 500kV 嵖岈变电站、驻马店 500kV 挚亭变电站、开封 500kV 菊城变电站、商丘 500kV 圣临变电站和周口 500kV 周口变电站等 85 座变电站，一般风险变电站有洛阳 220kV 云顶变电站、南阳 500kV 群英变电站、驻马店 500kV 嫘祖变电站、郑州 220kV 洁云变电站和安阳 220kV 林州变电站等 287 座变电站，低风险变电站有 40 座。

437 座变电站中，高、较高、一般和低风险的变电站数量分别为 25、85、287 座和 40 座，分别占比为 5.7%、19.5%、65.7% 和 9.2%（见图 3-22），变电站防汛综合风险的主要类型包括高频暴雨暴露型、修建年代久远型、河流水库环绕型、地势低洼型、城市中心站型、枢纽站型、山洪泥石流隐患胁迫型、韧性缺陷型等。

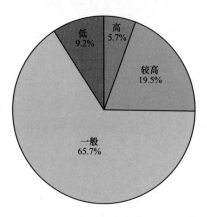

图 3-22　河南省 220kV 和 500kV 变电站评价结果统计情况

3.4　本　章　小　结

本章深度剖析了 2021 年暴雨灾害期间全省变电站因灾停运的主要诱因。阐述了全省范围内气温的显著上升增加了强对流天气、暴雨天气等极端性天气现象的出现频率。暴雨灾害是河南省最容易发生的气象灾害，2021 年夏季，全省平均降水量 662.7mm，较常年同期偏多 66%，比 2020 年同期偏多 24%，为 1961 年以来同期最多，暴雨灾害给变电站安全运维带来了十分严峻的挑战。说明了变电站周边河流（水库）等分布情况、地形地势条件以及变电站基础设施韧性情况对变电站防汛综合风险水平具有重要影响。并对河南省 437 座 220kV 和 500kV 变电站的防汛风险进行全面评价，结果显示：
高、较高、一般和低风险的变电站数量分别为 25、85、287 座和 40 座，分
别占比为 5.7%、19.5%、65.7%和 9.2%，变电站防汛综合风险的主要类
型包括高频暴雨暴露型、修建年代久远型、河流水库环绕型、地势低洼型、
城市中心站型、枢纽站型、山洪泥石流隐患胁迫型、韧性缺陷型等。

4 变电站洪涝灾害韧性评价研究

　　暴雨洪涝灾害，特别是类似 2021 年郑州"7·20"暴雨灾害、2023 年河北涿州暴雨灾害的发生，造成多个变电站受淹停运，严重威胁着电网的汛期安全运行，并导致了变电站及周边地区的严重经济损失。极端性暴雨灾害频发，城市电网韧性重要性日趋凸显。国内学者对电网企业韧性评估方面的相关研究主要集中在韧性电网的概念与特征、韧性指标的选取、韧性评估方法与过程、韧性评估指标量化方法以及韧性评估模型等方面，故开展暴雨洪涝灾害风险及韧性测评方面的研究具有十分重要的理论及现实意义。

　　本著作通过文献调研、数据挖掘、现场调研等研究方法，构建变电站洪涝灾害韧性指标体系，并通过专家评分——熵权法确定各韧性评价指标的权重，建立韧性评估综合模型，全面评价变电站洪涝灾害韧性评估模型，评价各变电站洪涝灾害的韧性水平。

4.1　数据来源与研究方法

4.1.1　数据来源

　　变电站洪涝灾害韧性评价指标主要来源于电网韧性评价相关文献、洪涝灾害相关案例、现场调研、专题研讨和专家头脑风暴等；电网韧性评价相关文献来源于 CNKI 和 Web of Science 两个数据库，电网洪涝灾害相关案例主要来源于电网企业相关资料。

4.1.2　评价指标体系的建立

　　电网防汛韧性评价指标体系包括气象韧性、防汛基础设施韧性、发展运维韧性和制度机制韧性四个一级评价指标。其中，气象韧性指标主要测评电网对气象风险信息的感知情况，包括暴雨洪涝灾害风险、暴雨洪涝灾害损失、气象监测信息和下垫面透水等指标；防汛基础设施韧性主要测评电网基础设施抵御洪涝灾害的能力水平，包括"阻来水"基础设施保障（进站道路、防汛挡板、排水沟、围墙、大门、防洪墙、围堰等）、"排积水"基础设施保障（排水泵、泄水孔、排水通道、防汛物资装备等）、"防渗水"基础设施保障（窗户、通风口、孔洞、防鼠防汛挡板、户外"三箱"、汇控智能组件柜等）、防汛智能化基础设施保障（水泵远程集控系统、电缆沟、隧道水位监视系统、微气象监视系统等）和电网系统防汛安全保障等；发展运维韧性指标主要测评电网的发展水平以及安全运维保障能力，包括企业年利润、人均工资水平、创新转化能力、防汛应急队伍保障、防汛应急物资装备保障、防汛应急技术保障、防汛应急平台保障、防汛应急资金保障、教育培训保障和疏散撤离保障等；制度机制韧性主要测评电网防汛应急工作机制建设，主要包括应急政策文件、预警响应机制、应急响应机制和信息报送机制等，见表 4-1。

表 4-1　　　　　　变电站洪涝灾害的韧性测评指标及其权重

一级指标		二级指标	
名称	权重	名称	权重
A_1 气象韧性	13.09	B_1 暴雨洪涝灾害风险	3.883
		B_2 暴雨洪涝灾害损失	2.342
		B_3 下垫面透水	3.76
		B_4 气象信息监测	3.105
A_2 防汛基础设施韧性	27.68	B_5 "阻来水"基础设施保障（进站道路、防汛挡板、排水沟、围墙、大门、防洪墙、围堰等）	6.654
		B_6 "排积水"基础设施保障（排水泵、泄水孔、排水通道、防汛物资装备等）	7.051
		B_7 "防渗水"基础设施保障（窗户、通风口、孔洞、防鼠防汛挡板、气密性挡水防火墙、户外"三箱"、汇控智能组件柜等）	5.985
		B_8 防汛智能化基础设施保障（水泵远程集控系统、电缆沟、隧道水位监视系统、微气象监视系统等）	4.578
		B_9 电网系统防汛安全	3.409
A_3 发展运维韧性	48.31	B_{10} 企业年利润	3.225
		B_{11} 人均工资水平	2.828
		B_{12} 创新转化能力	8.700
		B_{13} 防汛应急队伍保障	6.276
		B_{14} 防汛应急物资装备保障	5.693
		B_{15} 防汛应急技术保障	5.597
		B_{16} 防汛应急平台保障	3.309

一级指标		二级指标	
名称	权重	名称	权重
A₃发展运维韧性	48.31	B₁₇防汛应急资金保障	5.771
		B₁₈教育培训保障	2.410
		B₁₉疏散撤离保障	4.501
A₄制度机制韧性	10.92	B₂₀应急政策文件	3.411
		B₂₁预警响应机制	2.066
		B₂₂应急响应机制	2.753
		B₂₃信息报送机制	2.693

4.1.3　指标权重确定方法

运用专家修正的熵值法来确定评价体系中各指标的权重，主要操作步骤如下。

第一步：数据标准化，消除量纲影响。

在进行熵值法之前，由于各项指标的面板数据方向不一致、计量单位也并不统一，因此需要对其进行标准化处理，把面板数据的绝对值转化为相对值，将不同质的指标同质化。假设一个电网企业拥有 m 个调查对象和 n 个指标，设 X_{ij}、D_{ij} 分别为第 i 个地区第 j 项指标的原始值和标准化值，X_{jmax}、X_{jmin} 分别表示第 j 项指标的最大值和最小值，X_j 表示第 j 项适度指标的阈值。则其中正向指标（N）、逆向指标（P）的计算方法如下：

对于正向指标，即在一定范围内，指标数值越大越好的指标，正向指标标准化的计算公式为

$$D_{ij}=\frac{X_{ij}-X_{jmin}}{X_{jmax}-X_{jmin}} \quad (i=1,2,\cdots,m;j=1,2,\cdots,n) \tag{4-1}$$

对于负向指标，即在一定范围内，指标数值越小越好的指标，负向指标标准化的计算公式为

$$D_{ij}=\frac{X_{jmax}-X_{ij}}{X_{jmax}-X_{jmin}} \quad (i=1,2,\cdots,m;j=1,2,\cdots,n) \tag{4-2}$$

第二步：依据标准化的样本矩阵，第 j 个指标的熵 E_j 可以表示为

$$E_j=-\frac{1}{\ln m}\sum_{i=1}^{m}p_{ij}\ln p_{ij} \tag{4-3}$$

式中，$p_{ij}=\dfrac{d_{ij}}{\sum\limits_{i=1}^{m}d_{ij}}$ 表示第 j 个指标下第 i 项指标的比重或贡献度，则第 j 个指标的权重计算方式为

$$W_j=\frac{1-e_j}{\sum\limits_{j=1}^{n}(1-e_j)} \tag{4-4}$$

第三步：将标准化后的数据与对应的权重相乘后累加，得到韧性的综合得分为

$$P_i=\sum_{j=1}^{n}w_i d_{ij} \tag{4-5}$$

第四步：利用专家头脑风暴法修正权重系数。

4.2 变电站洪涝灾害韧性评价结果分析

以河南驻马店市驻马店变电站为实例，测评该变电站洪涝灾害的韧性水平。从图 4-1 可以看出，驻马店变电站洪涝灾害整体韧性水平处于中等水平。其中，气象韧性和制度机制韧性水平相对较低，得分比例分别为 52.99％和 63.18％，主要原因是气象信息感知和应急管理工作机制方面存在不同程度的问题。

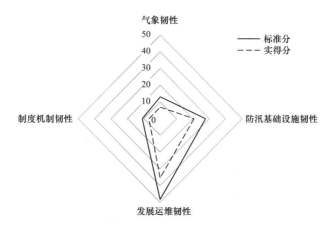

图 4-1　驻马店变电站洪涝灾害整体韧性分析

从历史数据分析，驻马店变电站暴雨洪涝灾害风险认知、暴雨洪涝灾害损失以及气象信息监测方面存在不同程度问题，其韧性测度得分比例相对较

低，分别为 48％、45.99％、60％和 56.01％（见图 4-2），其对于暴雨洪涝灾害的认知、辨识和研判方面存在问题相对较多。

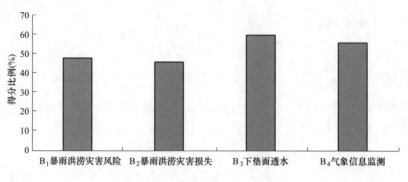

图 4-2 电网气象韧性评价分析

受郑州"7·20"暴雨灾害的影响，驻马店变电站的"阻来水""排积水""防渗水"和防汛智能化基础设施建设方面有了较大的提升，其韧性得分情况均超过 68％（见图 4-3），处于中度韧性向强韧性过渡阶段。

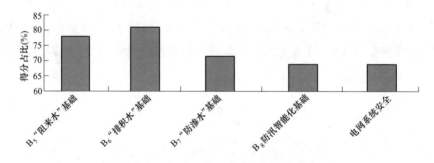

图 4-3 防汛基础设施韧性评价分析

电网发展运维韧性方面，主要在防汛应急队伍保障、防汛应急技术保障和疏散撤离保障三个方面存在较为严重的问题，其得分比例分别为 64.99％、65％和 51.01％（见图 4-4），其主要原因如下：①变电站防汛应急队伍主要以运维人员为主，岗位素质基本没有问题，应急素质相对偏弱，且变电站运维任务相对较多，当汛期出现多个变电站被淹现象时凸显出应急力量相对不足；②基层变电站防汛应急技术的实际运用方面存在一定的难度，电网开发的应急新技术的落地问题成为基层变电站应急的限制性因素；③变电站运维人员对于疏散撤离路线、疏散撤离方案方面仍然有很大的提升空间。

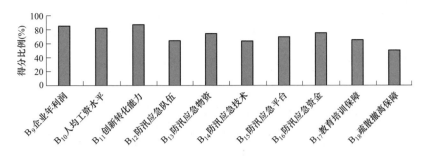

图 4-4　发展运维韧性评价分析

　　制度机制韧性方面存在的问题也相对较为严重，应急政策文件、应急响应机制和信息报送机制等方面韧性评价得分情况相对较低，其得分比例分别为 61.01％、62.97％和 58％（见图 4-5）。存在的主要问题有：①受到政策文件具体落地方案欠缺、基层政策文件理解不到位和基层变电站应急素质不足等因素的影响，电网防汛应急政策文件的有效执行受到限制；②受到多头管理和应急响应机制不健全等因素的影响，变电站防汛应急处置机制不顺畅。

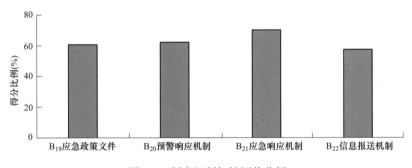

图 4-5　制度机制韧性评价分析

4.3　本 章 小 结

　　本章构建了变电站洪涝灾害韧性评估指标体系，包括 4 个一级评价指标和 22 个二级评价指标，并确定了评价指标权重。对驻马店变电站洪涝灾害韧性水平进行了评价，评价结果该变电站洪涝灾害韧性水平处于中等水平。

5 | 变电站洪涝灾害应急能力现状评价研究

变电站是电网企业的核心资源，也是重要的基础设施，在承担电力输配和地区电力供应方面发挥着重要的枢纽作用，对电力系统运行的稳定性和可靠性起到至关重要的作用。近年来，随着城市社会经济的飞速发展及高位碳排放，大气中 CO_2 浓度逐年上升，极端高温频率显著增加，极端性强降雨造成的洪涝灾害问题日益突出，变电站的安全运行受到严峻挑战，特别是2021年河南"7·20"极端暴雨灾害，造成多个变电站受淹停运，严重威胁着电网的汛期安全运行，并导致了变电站及周边地区的严重经济损失。不同变电站在"7·20"暴雨灾害的应对过程中暴露了不同程度的问题，故开展变电站防汛应急处置方面的研究具有十分重要的理论及实践价值。

近年来，北京、涿州、郑州、驻马店、新乡等多个地区因极端性强降雨天气造成的大面积停电事件凸显出电力系统面对洪涝灾害时存在意识淡薄、风险认知不精准、应急准备不足、应急响应处置措施不到位等方面的严重问题。变电站对地区电力系统运行的稳定和可靠性起到至关重要的作用，一旦全站停电后将造成大面积停电，或系统瓦解。然而，现有的变电站防汛应急能力方面暴露出不同程度的短板和不足，缺乏对不同变电站风险水平和应急能力现状水平的精准认知，针对性不强，其发挥的作用受到了很大程度的限制。因此，开展不同变电站应急能力建设与提升方面的研究具有重要的理论及现实意义。

5.1 数据来源与研究方法

5.1.1 数据来源

本章研究所利用的数据主要来源于问卷调查与诊断、深度访谈、现场调研、要素提取、专题研讨和专家评价等途径。

（1）问卷调查与诊断——专家评价途径：面向河南、浙江、安徽、四川、吉林、陕西、甘肃共七个省发放问卷145套，由各变电站运维班组长组织1/2以上变电站运维人员开展集体磋商回答问卷。由评价专家组组长组织

20位电力防汛专家对问卷进行诊断评分。

（2）深度访谈途径：对于风险驱动需求秩、指挥协调行动、人员抢险行动、物资调配行动和技术方案制定等指标，会结合深度访谈（面对面、电话、微信）结果进行评分。

（3）现场调研——要素提取途径：各代表变电站现场调研获取的数据资料，利用要素提取方法获取的数据。

（4）专家评价途径：结合专家评分结果，确定各变电站组织协调能力、辅助协调能力和路线辨识能力等指标的评价结果。

5.1.2 研究方法

（1）问卷调查方法。面向河南、浙江、安徽、四川、吉林、陕西、甘肃等七个省份典型代表变电站发放问卷145套，回收有效问卷143套，问卷回收率98.62%。问卷详细设计情况见附录。

（2）权重赋值方法。变电站防汛应急能力评价指标的综合量化标准分值为100分，利用德尔菲—层次分析法—专题研讨方法确定一级指标体系的权重，利用案例分析—集体磋商—头脑风暴方法确定二级评价指标的标准分值。具体计算方法如下：

1）构建指标体系层级。考虑决策对象、决策目的和决策因素等，并按照层级高低划分为最高层、中间层和最底层，以层级的关联度和隶属关系为基础，最高层是指目标层，中间层包括准则层和指标层等，最底层是指方案层，各层级一般不超过9个，并将各层级的若干因素相连，从而构建指标体系层级（见图5-1）。

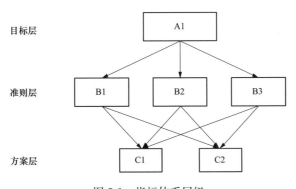

图 5-1 指标体系层级

2）构造判断矩阵。在构建指标体系层级后，将本层所有因素进行两两对比，确定相对重要性，一般将判断矩阵各因素划分为 9 个标度进行比较，见表 5-1。

表 5-1 　　　　　指标体系判断矩阵标度划分

标度	含　义
1	表示两因素相比同等重要
3	表示一个因素比另一个因素稍微重要
5	表示一个因素比另一个因素明显重要
7	表示一个因素比另一个因素强烈重要
9	表示一个因素比另一个因素极其重要
2、4、6、8	对比重要性介于中间
倒数	若 i 与 j 相比较重要性为 a_{ij}，则 j 与 i 相比重要性为 $a_{ji}=1/a_{ij}$

根据各因素两两比较结果构建目标矩阵 $R=(a_{ij})n \times n$ 为

$$R=\begin{bmatrix} \frac{W_1}{W_1} & \frac{W_1}{W_2} & \cdots & \frac{W_1}{W_n} \\ \frac{W_2}{W_1} & \frac{W_2}{W_2} & \cdots & \frac{W_2}{W_n} \\ \vdots & \vdots & \vdots & \vdots \\ \frac{W_n}{W_1} & \frac{W_n}{W_2} & \cdots & \frac{W_n}{W_n} \end{bmatrix} \tag{5-1}$$

3）计算各层次相对权重。

a. 目标矩阵构建后，将各元素以列为单位进行归一化处理，公式为

$$H_{ij}=\frac{a_{ij}}{\sum_{i=1}^{n}a_{ij}} \tag{5-2}$$

b. 将处理获得的 H_{ij} 构造 $H=(h_{ij})n \times n$，即

$$H = \begin{bmatrix} h_{11} & h_{12} & \cdots & h_{1n} \\ h_{21} & h_{22} & \cdots & h_{2n} \\ \vdots & \vdots & \vdots & \vdots \\ h_{n1} & h_{n2} & \cdots & h_{nn} \end{bmatrix} \tag{5-3}$$

c. 将矩阵 H 以行为单位进行相加获得行值 $H_{行}$，行值相得到总值 $H_{总}$，计算得到各指标权重为

$$W_i = \frac{H_{行}}{H_{总}} \tag{5-4}$$

4）结果一致性检验。

a. 计算判断矩阵的最大特征值 λ_{max} 为

$$\lambda_{max} = \frac{1}{n} \frac{\sum\limits_{j=1}^{n} a_{ij} W_i}{W_i} \tag{5-5}$$

b. 计算一致性指标 CI 为

$$CI = \frac{\lambda_{max} - n}{n - 1} \tag{5-6}$$

c. 计算一致性比例 CR 为

$$CR = \frac{CI}{RI} \tag{5-7}$$

式中：RI 为平均随机一致性指标，其指标值见表 5-2。

表 5-2 一致性指标 RI 指标值

n	1	2	3	4	5	6	7	8	9	10	11
RI	0	0	0.58	0.90	1.12	1.24	1.35	1.41	1.45	1.49	1.51

当 $CR < 0.1$ 时，其一致性在容许范围内，通过一致性检验，否则需要重新调整 a_{ij}，重新构建目标矩阵 R。

(3) 指标量化方法。指标量化的方法基于问卷调查、深度访谈和现场调研的结果，通过专题研讨的方式，构建基于实证调研的集体磋商方法确定的。

（4）综合评价模型：

$$I = \sum_{i=1}^{n} \left(\sum_{j=1}^{m} P_{ij} W_{ij} \right) \cdot W_i \tag{5-8}$$

式中：I 为应急能力指数；n 为应急能力构成的要素个数；m 为应急能力第 i 个要素的指标个数；P_{ij} 为第 i 个构成要素的第 j 项指标标准化后的值，最低得分 0 分，最高得分 100 分；W_{ij} 为第 i 个构成要素的第 j 个指标在其中的权重；W_i 为第 i 个要素的权重。

根据应急能力评价体系等级模型，应急能力评价结果表现为应急能力指数以及等级描述。应急能力级别分为 5 级。

A 级：应急能力指数 90～100 分；

B 级：应急能力指数 80～89 分；

C 级：应急能力指数 60～79 分；

D 级：应急能力指数 40～59 分；

E 级：应急能力指数 0～39 分。

5.2 变电站防汛应急能力现状评价指标体系的构建

（1）评价指标体系构建的基本原则。 依据突发事件的发生—发展—蔓延—转化机理以及应急管理的"四阶段"理论，结合变电站的实际情况，遵循科学性、客观性、代表性和数据的易得性等基本原则，构建电网防汛应急能力评价指标体系。

1）科学性。电网防汛应急能力评估指标首先必须是科学的，符合客观事物发展变化的规律，符合突发事件自身的特点，符合应急管理基础理论的要求。

2）客观性。电网防汛应急能力评估指标要具有客观性，尽量避免主观因素的影响，使其符合自然界的客观规律和事物衍生、发展的规律。

3）代表性。电网防汛应急能力评估的指标要有较强的代表性，能够涵盖能力建设的绝大多数信息，能够较为全面地反映出应急主体的应急能力水平。

4）数据的易得性。电网防汛应急能力评估的指标既要能够反映出其自身的应急能力水平，又要容易获得定量的、可用于评估的量化数据指标，以便于评估工作的顺利开展。

（2）评价指标体系构建的主要步骤。电网防汛应急能力评估指标的来源是多元的，如应急能力评估理论（洪涝灾害自身的特点、洪涝灾害发生—发展—变化的特征以及应急管理的"四阶段"理论）、应急能力评估实践（国内外其他学者相关研究）和典型突发事件案例（从典型突发事件的发生、发展、演化、转化和结束过程中反映出其对应急能力的具体需求）等。电网防汛应急能力评价指标体系构建一般遵循如下步骤：

1）选取评估对象和范围：开展应急能力评估工作首先必须明确评估对象，即确定应急主体和突发事件类型，然后是确定应急能力评估的具体类型：综合能力评估或是单项应急能力评估。

2）评估依据的选取：选取应急能力评估的理论依据以及现实根据。

3）评估指标的初选：综合利用风险矩阵方法、事故树分析方法、频率分析法以及数理统计方法初步筛选出变电站防汛应急能力评估的指标，这里的指标是指可以找到的或是预见到的所有关联的影响指标。

4）指标的优选：综合考虑指标的科学性、客观性以及可得性的多种因素，并利用频率分析法、主成分分析法（PCA）、DEMETAL/ISM 方法对评估指标进行优选，选取代表性强的变电站防汛应急能力评估指标。

5）构建评估指标体系：根据归纳总结、逻辑推理与聚类分析等多种方法最终构建变电站防汛应急能力评估的指标体系。

（3）防汛应急能力评估指标体系的构成。变电站防汛应急能力评估指标体系包括风险分析、应急保障、先期处置、信息报送和疏散转移 5 个一级评价指标和综合风险水平、重要度等级水平、风险驱动需求秩和应急组织保障等 19 个二级评价指标，如图 5-2 所示。

风险分析包括综合风险水平、重要度等级水平和风险驱动需求秩 3 个二级评价指标。综合风险水平是衡量变电站防汛风险水平的重要指标，主要包括洪涝灾害的危险性、暴露性和后果严重性等；重要度等级水平是衡量变电站作用和地位的重要指标，也是评价变电站防汛风险脆弱性的关键性指标；风险驱动需求秩是变电站风险水平、功能特性、应急能力需求值以及应急能力缺失值的综合评价指标，也是变电站防汛应急能力评估的特异性指标。

应急保障包括应急组织保障、应急队伍保障、应急物资保障、应急技能保障、应急预案保障和应急演练保障等 6 个二级评价指标。应急组织保障主

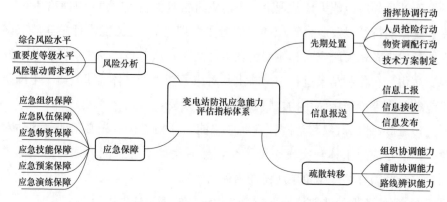

图 5-2　变电站防汛应急能力评估指标

要包括应急领导体系、指挥体系、日常工作体系、动态考核、协调机制等。该指标主要考察应急组织体系有效运行情况；应急队伍保障主要包括专职（兼职）应急队伍专业性、应急队伍完善程度、应急队伍之间的协调联动等，主要考察应急队伍组建情况，确保应急队伍高素质、高执行力和高配合度；应急物资保障主要包括应急资源储备制度、应急物资完备性、应急物资定期维护等，主要考察应急物资是否满足应急响应需求，确保响应有效进行；应急技能保障主要包括相关工作人员对灾害的态度、认知水平、适应各应对突发事件的能力等，主要考察相关人员专业技能是否满足应急响应需求；应急预案保障主要包括电网防汛应急预案规范的掌握程度，主要包括变电站运维人员对汛期应急响应启动、预警响应行动、应急响应行动等内容的掌握及运用情况，主要考察变电站运维人员对应急预案的掌握及熟练运用情况；应急演练保障主要包括应急演练频次、演练方案、演练脚本、演练效果、演练总结等，主要考察防汛应急演练对锻炼队伍、磨合机制和应急技能训练等主要功能的提升作用。

先期处置主要包括指挥协调行动、人员抢险行动、物资调配行动和技术方案制定等 4 个二级评价指标。指挥协调行动主要包括变电站负责人对运维人员指挥、指导、协调以及灾害现场指挥救灾能力等，主要考察变电站负责人的指挥协调能力；人员抢险行动主要包括抢修抢险安全措施布控、救援人员专业技能、响应水平等，主要考察应急人员是否能及时制定抢险方案，有效组织抢险行动；物资调配行动主要包括物资调配方案制定、物资调配效率和物资正确使用等，主要考察变电站防汛物资的调配和使用是否满足先期处置的具体需求；技术方案制定主要包括技术方案制定效率、技术方案科学性合理性、技术方案实施效果等，主要考察技术方案与现场情景的适配度。

信息报送主要包括信息上报、信息接收和信息发布3个二级指标。信息上报包括信息收集汇总、信息上报渠道等，主要考察是否能根据气候、环境等信息分析电力设施受损情况并及时上报给上级部门和相关单位；信息接收包括信息研判、识别、决策等，主要考察信息接收部门是否能根据上报信息进行科学研判，确定事件现状和发展趋势；信息发布包括变电站防汛信息的对内、对外沟通，主要考察是否能够精准地掌握变电站防汛信息。

疏散转移主要包括组织协调能力、辅助协调能力和路线辨识能力3个二级指标。组织协调能力主要包括疏散方案制定、组织公众疏散等，主要考察是否能阻止相关人员及时制定疏散方案，确保公众有效疏散；辅助协调能力包括配合政府疏散组织行动、与政府相关部门协同等，主要考察与上级部门、政府等相关单位的配合程度；路线辨识能力主要包括对安全疏散路线的识别、分析、决策等，该指标主要考察是否能及时识别、规划正确疏散路线。

利用5.1.2节研究方法中（2）权重赋值方法确定各具体指标的权重，权重结果见表5-3。

表 5-3　　　　　　　　　应急能力评价指标的权重

一级指标	权重（％）	二级指标	权重（％）
风险分析	10	综合风险水平	3
		重要度等级水平	3
		风险驱动需求秩	4
应急保障	35	应急组织保障	4
		应急队伍保障	5
		应急物资保障	5
		应急技能保障	5
		应急预案保障	8
		应急演练保障	8

续表

一级指标	权重（%）	二级指标	权重（%）
先期处置	30	指挥协调行动	8
		人员抢险行动	14
		物资调配行动	4
		技术方案制定	4
信息报送	15	信息上报	9
		信息接收	2
		信息发布	4
疏散转移	10	组织协调能力	4
		辅助协调能力	3
		路线辨识能力	3

5.3 变电站防汛应急能力现状评价结果分析

5.3.1 河南省变电站防汛应急能力现状

1. 河南省变电站防汛应急能力总体表现

运用综合评估模型对河南省变电站防汛应急能力进行评估，河南省各变电站防汛应急能力整体表现情况如图 5-3 所示。在五个评价维度中，河南省各代表变电站风险分析能力表现最好，信息报送表现最差，表明河南省变电站洪涝风险的认知水平相对较高，但信息收集、汇总、发布等相关能力需要进一步加强。

（1）风险分析。综合风险水平得分率最高，为 100%，重要度等级水平得分率最低，为 63.46%，表明河南省各变电站能够了解站区洪涝灾害风险的存在，但对变电站了解的具体风险情况认知相对不足，这给变电站洪涝灾害应对带来较大的困扰。

（2）应急保障。应急演练保障得分率最高，得分率为 87.5%，表明河南省各变电站能够认识到防汛应急演练及主要功能，代表变电站能够定期开展变电站防汛应急演练活动，这对锻炼队伍、磨合机制和应急技能训练起到了一定的促进作用。应急队伍保障和应急预案保障这两个环节相对薄弱，得分

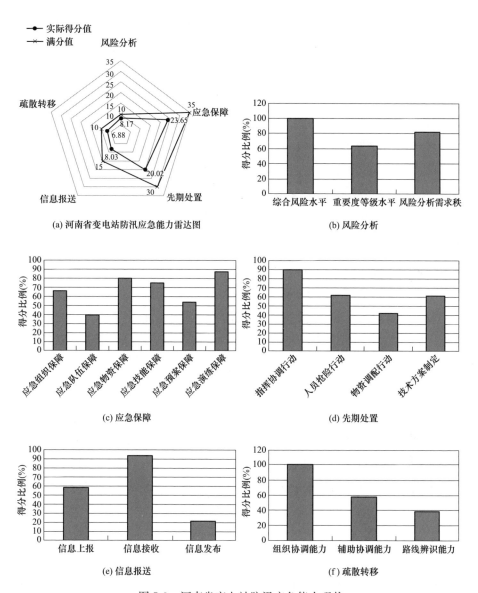

(a) 河南省变电站防汛应急能力雷达图

(b) 风险分析

(c) 应急保障

(d) 先期处置

(e) 信息报送

(f) 疏散转移

图 5-3 河南省变电站防汛应急能力现状

率仅为 39.05％和 53.85％。其中，应急队伍保障方面存在的主要问题有：一是大多数变电站为无人值守变电站，严格按照国家标准配备运维班组，这使得各变电站的运维力量略显不足；二是变电站运维人员的应急技能不过硬，这使得运维人员的应急抢险救援的专业受到影响；三是运维人员对上级公司应急预案把握不到位，这使其应急响应处置效率受到一定的影响。应急预案保障方面存在的主要问题有对省（市）电力公司应急预案的掌握不到位，对洪涝灾害应对期间的预警响应行动和应急响应行动措施掌握也不到位，这将严重影响变电站运维人员的应急响应效果。

（3）先期处置。指挥协调行动、人员抢险行动、物资调配行动和技术方案制定 4 个二级指标的得分率分别为 90.38％、61.68％、42.31％ 和 61.54％，河南省各代表变电站先期处置方面存在的主要问题有：一是变电站运维班组对应急物资装备调配流程和时间节点了解程度不够，致使洪涝灾害发生时应急物资装配调配方面暴露出不同程度的问题，如变电站应急处置要素测量点调查问卷（简称调查问卷，见附录 A）第 16 题"您对变电站防汛应急物资装备调遣的流程和时间节点的了解情况"得分率仅为 42.25％；二是人员抢险行动能力仍需进一步加强，主要体现在应急队伍成员对应急处置技术要点掌握程度不够。如调查问卷第 15 题"您对变电专业防汛处置'阻来水''排积水'和'防渗水'三道防线技术要点的掌握情况"的得分率仅为 42.6％；三是对洪涝灾害应对技术方案制定的了解程度不够，导致其与电网企业其他部门的协同处置能力欠佳。

（4）信息报送。河南省各变电站信息报送方面存在的主要问题集中在信息上报和信息发布两个二级指标上，两个二级指标的得分率分别为 58.97％ 和 21.15％。存在的主要问题集中在两个方面：一方面，对于信息报送主体（需要同一时间向不同负责部门报送）、信息报送内容、信息报送流程和信息报送时间节点的知晓程度欠佳，导致暴雨期间洪涝灾害信息报送方面存在不同程度的问题；另一方面，信息对内对外沟通机制不顺畅，主要体现在与政府防汛及相关责任单位洪涝灾害相关信息沟通、与电网企业防办及各责任部门信息沟通不顺畅。如调查问卷第 23 题"您对突发情况下如何与政府防办及其成员单位沟通防汛风险的知晓情况"和第 24 题"您对突发情况下如何与电网企业防办及其成员单位沟通电网防汛风险的知晓情况"得分率均为 21％。

（5）疏散转移。河南省各代表变电站疏散转移方面的主要薄弱环节集中在辅助疏散撤离和疏散转移路线知晓两个方面，其得分率分别为 57.69％ 和 38.46％。分析其主要原因有：一是对自身疏散撤离的职责知晓程度不够，二是对突发情况下变电站及其周围疏散撤离路线知晓程度不够。

2. 河南省各变电站防汛应急能力分析

对河南省 13 个变电站防汛应急能力进行全面评估（见图 5-4）。可以看出，河南 13#变电站总分最高，为 83.5 分，河南 10#变电站总分最低，为 52.8 分。

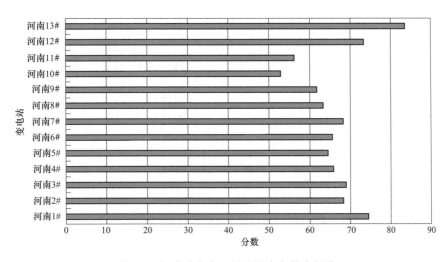

图 5-4 河南省各变电站防汛应急能力得分

经计算，河南省变电站应急能力表现情况可以大致分为以下两类。

（1）风险分析能力强。 河南 2#、3#、4#、5#、6#、8#、9#、10#、11#、12#变电站风险分析能力在五个评价维度中表现较好，表明这 10 个变电站对洪涝风险水平认知情况良好，这对变电站洪涝灾害的应对有利。

其中，4#、5#、6#、9#、10#变电站信息报送能力在五个评价维度中表现较差（见图 5-5），表明这 5 个变电站在信息收集汇总、研判决策、内外沟通等方面能力较弱，这可能导致不能正确判断事件现状和发展趋势，或不能有效进行信息交互，妨碍变电站洪涝灾害的有效应对。其中 9#、10#变电站在满分为 15 分的情况下得分仅为 5.3、3.4 分，表明 9#、10#变电站的信息上报、接收、发布能力存在严重短板。

2#、8#、12#变电站疏散转移能力在五个评价维度中表现较差（见图

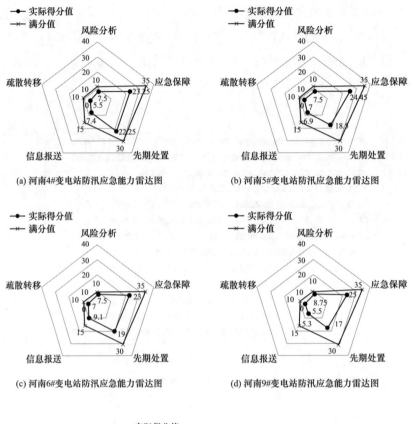

(a) 河南4#变电站防汛应急能力雷达图

(b) 河南5#变电站防汛应急能力雷达图

(c) 河南6#变电站防汛应急能力雷达图

(d) 河南9#变电站防汛应急能力雷达图

(e) 河南10#变电站防汛应急能力雷达图

图 5-5　河南省 4＃、5＃、6＃、9＃、10＃变电站防汛应急能力雷达图

5-6）。表明这三个变电站在疏散方案制定、组织公众有效疏散、与上级部门和政府协调配合、识别和规划正确疏散路线等能力存在严重不足，不能很好地支撑防汛疏散转移任务良好实施。

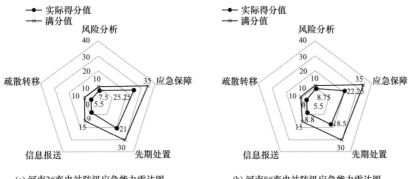

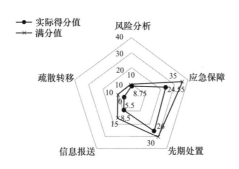

图 5-6 河南省 2♯、8♯、12♯变电站防汛应急能力雷达图

3♯变电站应急保障能力在五个评价维度中表现较差。表明 3♯变电站在应急组织体系有效运转、专兼职应急队伍建设、应急物资储备与供应、人员专业技能及对预案响应要求熟悉程度等应急保障相关方面存在不足。11♯变电站先期处置能力在五个评价维度中表现较差，表明 11♯变电站在协调指导救灾、抢险安全措施布控、技术方案制定等方面存在不足，可能导致不能在事件早期采取正确措施有效控制事态发展，如图 5-7 所示。

（2）疏散转移能力强。 1♯、7♯、13♯变电站疏散转移能力在五个评价维度中表现较好，得到了满分。表明这 3 个变电站在疏散方案制定、组织公众有效疏散、与上级部门和政府协调配合、识别和规划正确疏散路线方面能力较强，其能够充分胜任疏散转移任务的完成。

其中 1♯、13♯变电站信息报送能力在五个评价维度中表现较差（见图 5-8）。表明这两个变电站在信息收集汇总、研判决策、内外信息沟通等方面

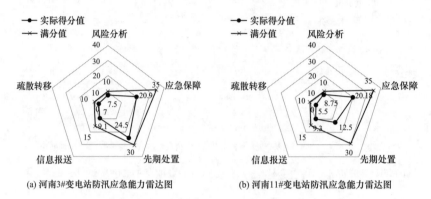

(a) 河南3#变电站防汛应急能力雷达图   (b) 河南11#变电站防汛应急能力雷达图

图 5-7   河南省 3♯、11♯变电站防汛应急能力雷达图

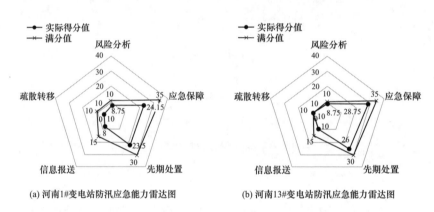

(a) 河南1#变电站防汛应急能力雷达图   (b) 河南13#变电站防汛应急能力雷达图

图 5-8   河南省 1♯、13♯变电站防汛应急能力雷达图

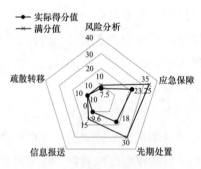

图 5-9   河南省 7♯变电站防汛
应急能力雷达图

能力较弱，可能妨害正确判断事件现状和发展趋势，或不能有效进行信息交互。13♯变电站整体表现较为均衡且各项一级指标得分较高，是 13 个变电站中综合得分最高的变电站，但其信息报送能力有待进一步提升。

7♯变电站先期处置能力在五个评价维度中表现较差（见图 5-9）。表明7♯变电站在协调指导救灾、布控抢险措施、制定技术方案等方面存在不足，可能导致不能在事件早期有效控制事态发展。

5.3.2 浙江省变电站防汛应急能力现状

1. 浙江省变电站防汛应急能力总体表现

运用综合评估模型对浙江省各代表变电站防汛应急能力进行评估，浙江省各变电站防汛应急能力整体表现情况如图 5-10 所示。在五个评价维度中，浙江省各代表变电站风险分析能力表现最好，信息报送表现最差，表明浙江省各代表变电站洪涝风险的认知水平相对较高，但信息收集、汇总、发布能力有待提升。

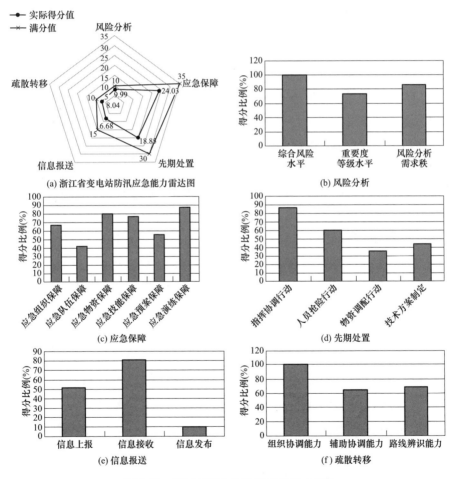

图 5-10　浙江省变电站防汛应急能力现状

(1) 风险分析。综合风险水平指标得分率最高，为100%，重要度等级水平得分率相对较低，为73.48%。表明浙江省各变电站对站区洪涝灾害风险有一定了解，对具体风险认知稍有不足，需进一步提升。但和其他四个维度的二级指标得分率相比，风险分析维度二级指标得分率整体较高。

(2) 应急保障。应急演练保障得分率最高，为87.12%，应急队伍保障和应急预案保障得分率较低，分别为42.12%和55.68%。在应急保障方面，浙江省各代表变电站情况与河南省较为相似，表明浙江省各代表变电站应急演练相关工作执行到位，但在运维人员分配、专业技能和对上级电力公司应急预案、响应措施等方面存在一定问题。如调查问卷第2题"是否成立专门的防汛应急救援队伍"及队伍人数、队员技能掌握情况等附加题综合得分率仅为42.2%。第5题"根据防汛应急预案的要求，变电站运维人员应该采取的预警响应行动主要包括哪些"和第6题"根据防汛应急预案的要求，变电站运维人员应该采取的应急响应行动主要包括哪些"得分率均为50%左右。

(3) 先期处置。指挥协调行动得分率最高，为88.26%，物资调配行动和技术方案制定分率较低，分别为37.88%和45.45%。浙江省各代表变电站先期处置方面存在以下问题：一是变电站运维班组对应急物资装备调配流程和时间节点掌握不够，导致应急物资不能及时运输到需求点。二是对洪涝灾害应对技术方案的制定不够了解，导致不能制定科学合理的应对方案。

(4) 信息报送。浙江省各代表变电站在信息报送方面呈现出信息接收能力强，信息上报和信息发布能力弱，特别是信息发布指标得分率仅为10.23%，信息发布指标相关题项如调查问卷第23题"您对突发情况下如何与政府防办及其成员单位沟通防汛风险的知晓情况"得分率为8.5%，第24题"您对突发情况下如何与电网企业防办及其成员单位沟通电网防汛风险的知晓情况"得分率为12%。表明浙江省各代表变电站信息沟通机制不顺畅，主要体现在与政府防汛及相关责任单位洪涝灾害相关信息沟通、与电网企业防办及各责任部门信息沟通不顺畅。

(5) 疏散转移。浙江省各代表变电站组织协调能力较强，得到了满分。辅助协调能力和路线辨识能力得分率在65%~70%之间，相对薄弱，表明在自身疏散撤离职责知晓和疏散撤离路线识别决策方面有待进一步加强。

2. 浙江省各变电站防汛应急能力分析

对浙江省33个变电站防汛应急能力进行全面评估（见图5-11）。可以看出，浙江5♯变电站总分最高，为80.5分，浙江1♯、30♯变电站总分较低，为54.02分、54.25分。

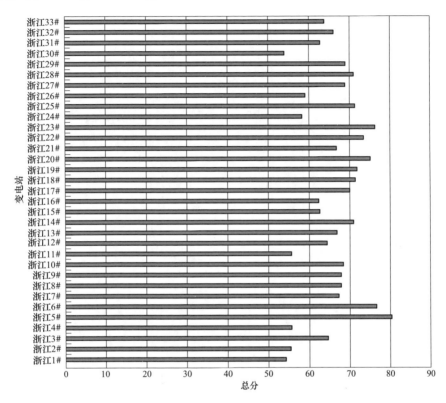

图 5-11 浙江省各变电站防汛应急能力得分

经计算可知，浙江省各代表变电站信息报送能力在五个评价维度中均表现较差。表明浙江省各代表变电站在信息上报、发布工作方面存在严重短板，一是对于信息报送主体、信息报送内容、信息报送流程和信息报送时间节点掌握不够，导致暴雨期间洪涝灾害信息报送工作存在障碍；二是信息沟通机制不完善，导致与政府防汛及相关责任单位洪涝灾害相关信息沟通、与电网企业防办及各责任部门信息沟通不顺畅，各相关部门无法准确掌握防汛信息。

经计算，浙江省各代表变电站大致可以分为以下两类。

(1) 风险分析能力强。 2♯、3♯、4♯、11♯、12♯、13♯、14♯、15♯、16♯、17♯、18♯、19♯、20♯、21♯、22♯、23♯、25♯、26♯、

27＃、29＃、30＃、31＃、32＃、33＃变电站风险分析能力在五个评价维度中表现较好（见图 5-12）。表明这 24 个变电站对洪涝风险的认知、研判、分析能力较强。

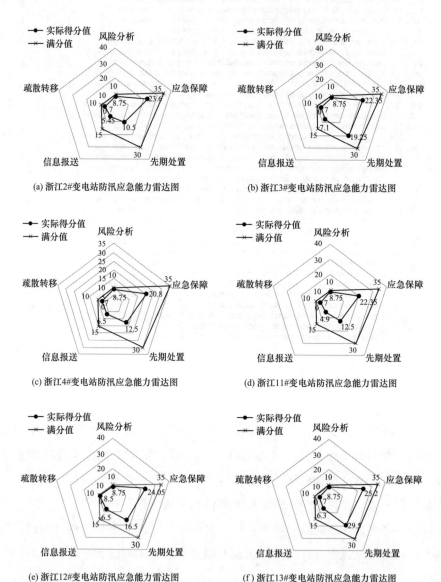

(a) 浙江2#变电站防汛应急能力雷达图

(b) 浙江3#变电站防汛应急能力雷达图

(c) 浙江4#变电站防汛应急能力雷达图

(d) 浙江11#变电站防汛应急能力雷达图

(e) 浙江12#变电站防汛应急能力雷达图

(f) 浙江13#变电站防汛应急能力雷达图

图 5-12　浙江省 2＃～4＃、11＃～23＃、25＃～27＃、29＃～33＃变电站防汛
应急能力雷达图（一）

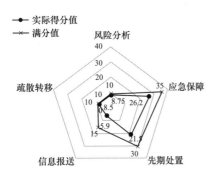

(g) 浙江14#变电站防汛应急能力雷达图

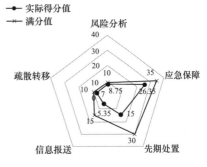

(h) 浙江15#变电站防汛应急能力雷达图

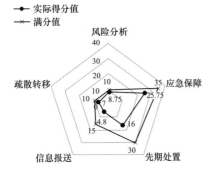

(i) 浙江16#变电站防汛应急能力雷达图

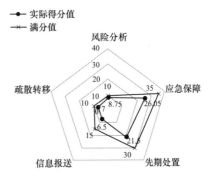

(j) 浙江17#变电站防汛应急能力雷达图

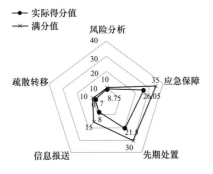

(k) 浙江18#变电站防汛应急能力雷达图

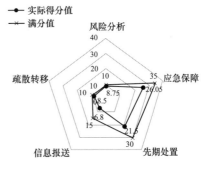

(l) 浙江19#变电站防汛应急能力雷达图

图 5-12　浙江省 2#～4#、11#～23#、25#～27#、29#～33#变电站防汛
应急能力雷达图（二）

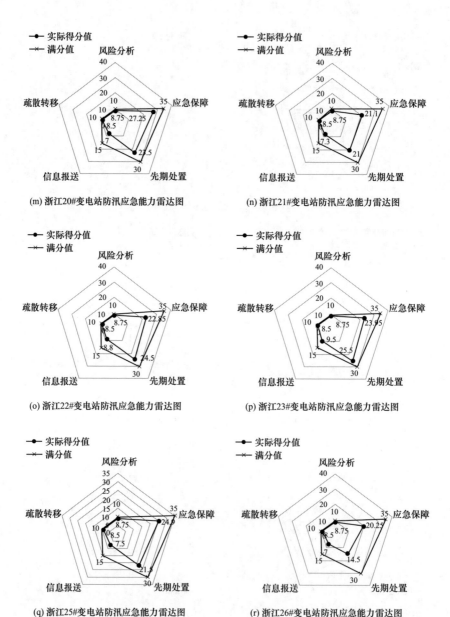

(m) 浙江20#变电站防汛应急能力雷达图

(n) 浙江21#变电站防汛应急能力雷达图

(o) 浙江22#变电站防汛应急能力雷达图

(p) 浙江23#变电站防汛应急能力雷达图

(q) 浙江25#变电站防汛应急能力雷达图

(r) 浙江26#变电站防汛应急能力雷达图

图 5-12　浙江省 2#～4#、11#～23#、25#～27#、29#～33#变电站防汛
应急能力雷达图（三）

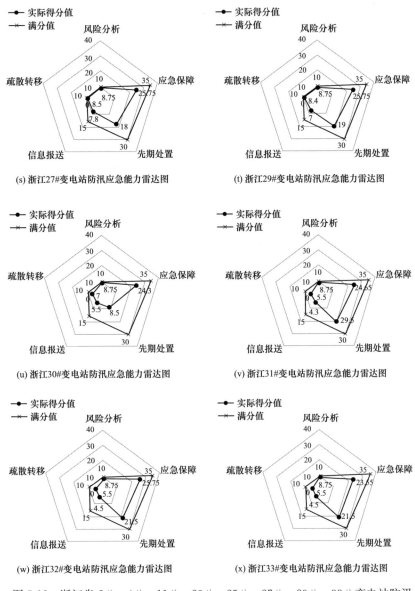

(s) 浙江27#变电站防汛应急能力雷达图

(t) 浙江29#变电站防汛应急能力雷达图

(u) 浙江30#变电站防汛应急能力雷达图

(v) 浙江31#变电站防汛应急能力雷达图

(w) 浙江32#变电站防汛应急能力雷达图

(x) 浙江33#变电站防汛应急能力雷达图

图 5-12　浙江省 2#～4#、11#～23#、25#～27#、29#～33#变电站防汛
应急能力雷达图（四）

（2）疏散转移能力强。 1#、5#、6#、7#、8#、9#、10#、24#、28#变电站疏散转移能力在五个评价维度中表现较好（见图 5-13）。表明这 9个变电站在疏散方案制定、组织公众有效疏散、与上级部门和政府协调配

合、识别和规划正确疏散路线方面能力较强，其能力充分满足变电站应急防汛疏散转移方面的要求。

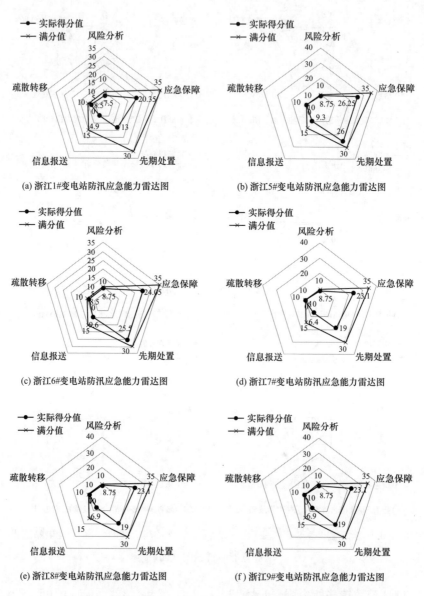

图 5-13　浙江省 1#、5#～10#、24#、28# 变电站防汛
应急能力雷达图（一）

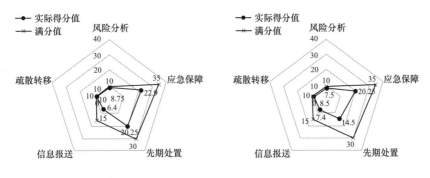

(g) 浙江10#变电站防汛应急能力雷达图   (h) 浙江24#变电站防汛应急能力雷达图

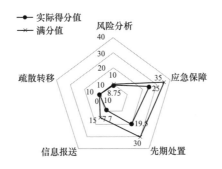

(i) 浙江28#变电站防汛应急能力雷达图

图 5-13　浙江省 1♯、5♯～10♯、24♯、28♯变电站防汛
应急能力雷达图（二）

5.3.3　安徽省变电站防汛应急能力现状

1. 安徽省变电站防汛应急能力总体表现

运用综合评估模型对安徽省变电站防汛应急能力进行评估，安徽省各代表变电站防汛应急能力整体表现情况如图 5-14 所示。在五个评价维度中，安徽省各代表变电站风险分析能力表现最好，信息报送表现最差，表明安徽省变电站洪涝风险的认知水平相对较高，但信息收集、汇总、发布等相关能力需要进一步加强。

（1）风险分析。 安徽省各代表变电站风险分析方面表现和浙江省类似，即综合风险水平得分率高，重要度等级水平得分率相对较低，表明安徽省各代表变电站了解站区存在的洪涝风险，但对具体风险信息的认知还稍有不足。

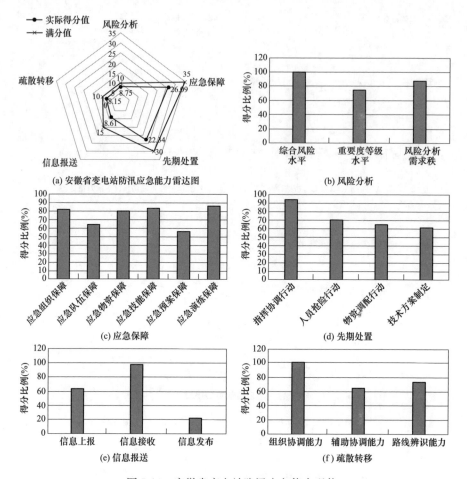

图 5-14　安徽省变电站防汛应急能力现状

（2）应急保障。应急演练保障得分率最高，为 86.03%，应急预案保障得分率最低，仅为 56.62%。表明安徽省各代表变电站应急演练工作到位，但对上级单位应急预案不熟悉，对预案中响应启动、预警、处置措施等内容的掌握及运用不熟练。如调查问卷第 5 题、第 6 题应急预案保障相关题项得分率均为 60% 左右。

（3）先期处置。指挥协调行动得分率最高，为 94.12%，其余人员抢险行动、物资调配行动、技术方案制定指标得分率均为 60%~70%，整体表现一般但相对均衡，其中调查问卷第 17 题"您对变电站防汛应急的技术方案的了解情况"在先期处置二级指标中得分率最低，为 61.75%，表明安徽省各变电站对洪涝灾害应对技术方案制定能力稍弱，与相关部门协同性欠佳。

(4) 信息报送。安徽省各变电站信息报送二级指标信息上报、信息接收、信息发布得分率分别为 63.79％、97.65％、22.73％。可以看出信息发布能力严重不足，具体体现在与政府防汛及相关责任单位洪涝灾害相关信息沟通、与电网企业防办及各责任部门信息沟通存在较大障碍。

(5) 疏散转移。安徽省各代表变电站在疏散转移方面的薄弱环节主要为辅助疏散撤离，原因为各变电站对自身疏散撤离的职责认识模糊，如调查问卷第 26 题"您对突发情况下自身疏散撤离方面职责的知晓情况"得分率为 64.67％，导致在政府组织疏散过程中不能较好的起到辅助作用。

2. 安徽省各变电站防汛应急能力分析

对安徽省 16 个变电站防汛应急能力进行全面评估（见图 5-15）。可以看出，安徽 3♯、14♯变电站得分较高，分别为 82.45 分、83.1 分。16♯变电站得分最低，为 62.68 分。

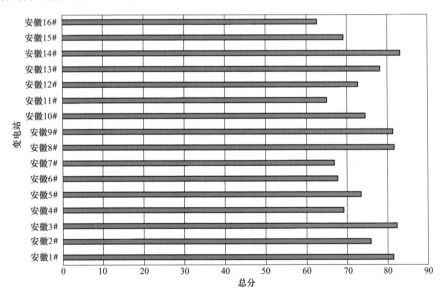

图 5-15　安徽省各变电站防汛应急能力得分

经计算，将安徽省变电站应急能力表现大致分为以下 3 类。

(1) 疏散转移能力强。1♯、2♯、6♯、8♯、12♯、14♯变电站疏散能力在五个评价维度中表现较好，但信息报送能力得分率较低（见图 5-16）。

表明这 6 个变电站在疏散方案制定、组织公众有效疏散、与上级部门和政府协调配合、识别和规划正确疏散路线方面能力较强，其能力充分满足变电站应急防汛疏散转移方面的要求。但在信息收集汇总、研判决策、内外信息沟通等方面能力较弱，可能导致不能正确判断事件现状和发展趋势，或不能有效进行信息交互。

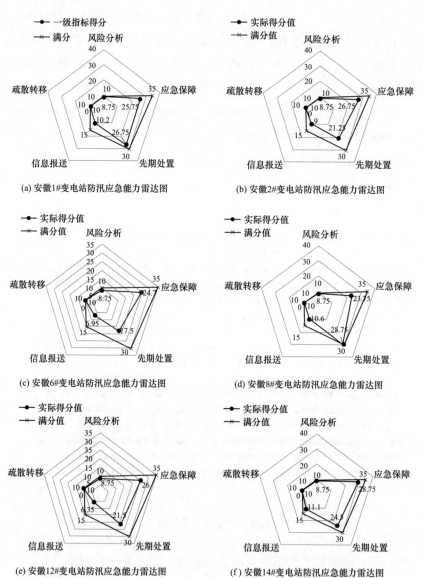

图 5-16　安徽省 1#、2#、6#、8#、12#、14# 变电站防汛应急能力雷达图

（2）先期处置能力强。 3♯、5♯、9♯变电站先期处置能力在五个评价维度中表现较高，信息报送能力在五个评价维度中表现较差（见图 5-17）。表明这三个变电站在运维人员指挥、指导、协调以及灾害现场指挥救灾，抢修抢险安全措施布控、救援人员专业技能，物资调配方案制定、物资调配效率、技术方案制定效率、技术方案科学性合理性、技术方案实施效果等方面工作到位，能够有效制定技术方案，调配物资，组织抢险行动顺利开展。但在信息收集汇总、研判决策、沟通等方面能力较弱。

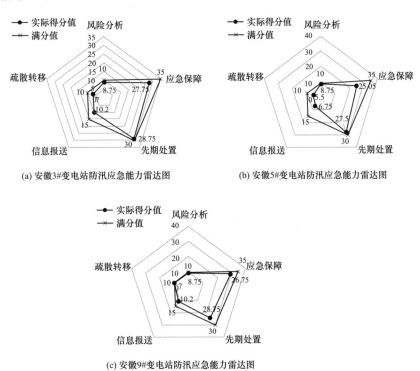

(a) 安徽3#变电站防汛应急能力雷达图　　(b) 安徽5#变电站防汛应急能力雷达图

(c) 安徽9#变电站防汛应急能力雷达图

图 5-17　安徽省 3♯、5♯、9♯变电站防汛应急能力雷达图

（3）风险分析能力强。 4♯、7♯、10♯、11♯、13♯、15♯、16♯变电站风险分析能力在五个评价维度中表现较好，表明这 7 个变电站对洪涝风险的认知水平相对较高。

其中，4♯、7♯、15♯变电站信息报送能力在五个评价维度中表现较差，表明这 3 个变电站在信息收集汇总、分析研判、决策、内外沟通等方面工作存在一定不足，如图 5-18 所示。

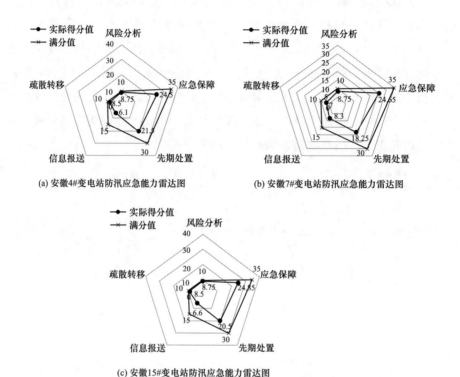

(a) 安徽4#变电站防汛应急能力雷达图

(b) 安徽7#变电站防汛应急能力雷达图

(c) 安徽15#变电站防汛应急能力雷达图

图 5-18　安徽省 4#、7#、15#变电站防汛应急能力雷达图

10#、13#变电站疏散转移能力在五个评价维度中表现较差，表明这两个变电站在疏散方案制定、组织公众有效疏散、与上级部门和政府协调配合、识别和规划正确疏散路线等能力存在严重不足，不能支撑防汛疏散转移任务良好实施，如图 5-19 所示。

11#变电站先期处置能力在五个评价维度中表现较差，表明该变电站在先期协调指导救灾、抢险安全措施布控、技术方案制定等方面存在不足，可能导致不能在事件早期采取正确措施有效控制事态发展。16#变电站信息报送能力在五个评价维度中表现较差，表明该变电站信息收集研判、决策沟通存在问题，不能准确掌握变电站防汛信息及信息变化，如图 5-20 所示。

5.3.4　四川省变电站防汛应急能力现状

1. 四川省变电站防汛应急能力总体表现

运用综合评估模型对四川省变电站防汛应急能力进行评估，四川省各代

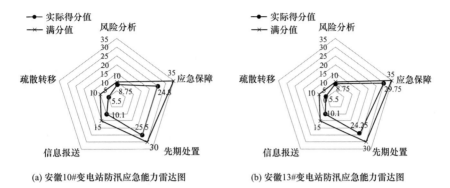

图 5-19　安徽省 10♯、13♯变电站防汛应急能力雷达图

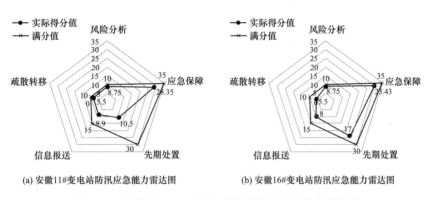

图 5-20　安徽省 11♯、16♯变电站防汛应急能力雷达图

表变电站防汛应急能力整体表现情况如图 5-21 所示。在五个评价维度中，四川省各代表变电站风险分析能力表现最好，信息报送表现最差，表明四川省变电站对洪涝风险的认知水平相对较高，但信息收集、汇总、发布等相关能力有待提升。

（1）风险分析。 四川省各代表变电站风险分析二级指标综合风险水平、重要度等级水平、风险分析需求秩得分率分别为 100%、75%、87.5%。可以看出三个二级指标得分率均较高，其中仅重要度等级水平得分率相对较低，表明四川省各代表变电站在站区具体风险情况的认知方面可以进一步提升。

（2）应急保障。 四川省各代表变电站在应急保障方面存在的薄弱环节主要是应急组织保障、应急队伍保障、应急预案保障。组织保障指标相关题项

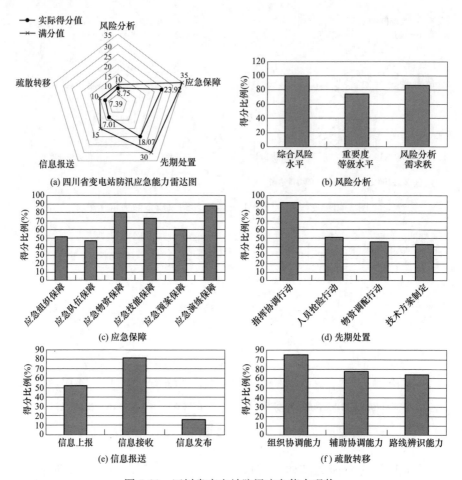

图 5-21　四川省变电站防汛应急能力现状

中第 1 题"是否为无人值守变电站及变电站与运维班组办公地距离"得分率为 55.5%，第 3 题"变电站运维人员岗位素质情况"得分率为 47%。表明各代表变电站运维力量存在不足，且运维人员专业技能有待提升。应急队伍保障方面，除了人员力量不足、专业性不足问题，还存在运维人员对相关预案不熟悉的问题，致使响应处置效果不佳。应急预案保障方面，预案保障指标相关题项第 5 题、第 6 题得分率分别为 62.5%、57.25%，说明四川省各代表变电站对省（市）电力公司应急预案内容及预警响应行动和应急响应行动措施掌握不到位。

(3) 先期处置。 指挥协调行动得分率最高，为 91.96%，表明各代表变电站负责人对运维人员指挥、指导、协调以及灾害现场指挥救灾能力较强。人员抢险行动、物资调配行动、技术方案制定得分率均在 40%～50%。表明四川省各代表变电站主要存在以下问题，一是应急队伍成员对应急处置流程和应急处置技术要点掌握程度不够，特别是应急处置技术要点，表现较差。如调查问卷第 14 题"请评价您对变电专业应急处置流程的掌握情况"得分率为 53.5%，第 15 题"您对变电专业防汛处置'阻来水''排积水'和'防渗水'三道防线技术要点的掌握情况"得分率仅为 28.6%。二是运维班组对应急物资装备调配流程和时间节点掌握不准确。三是对洪涝灾害应对技术方案制定的了解程度一般，导致在与相关部门的协同处置方面表现不佳。

（4）信息报送。 与河南省和浙江省情况类似，四川省各代表变电站信息报送方面存在的主要问题同样集中在信息上报和信息发布方面，两个指标得分率分别为 52.3%、16.9%，表明四川省各代表变电站对于信息报送主体、信息报送内容、信息报送流程和信息报送时间节点的知晓程度欠佳，特别在与政府防汛及相关责任单位洪涝灾害相关信息沟通、与电网企业防办及各责任部门信息沟通方面表现尤为不足，如调查问卷第 23 题"您对突发情况下如何与政府防办及其成员单位沟通防汛风险的知晓情况"和第 24 题"您对突发情况下如何与电网企业防办及其成员单位沟通电网防汛风险的知晓情况"得分率分别为 16%、18%。

（5）疏散转移。 疏散转移各二级指标组织协调能力、辅助协调能力、路线辨识能力得分率分别为 85.17%、67.86%、64.29%，表明其辅助协调能力和路线辨识能力需进一步提升。究其原因为以下两点：一是对自身疏散撤离职责不够了解，二是对突发情况下变电站及其周围疏散撤离路线不熟悉。

2. 四川省各变电站防汛应急能力分析

对四川省 14 个变电站防汛应急能力进行全面评估（见图 5-22）。可以看出，四川 14♯ 变电站得分最高，为 87.7 分，8♯ 变电站得分最低，仅为 46.4 分。

经计算，将四川省变电站应急能力表现情况大致分为以下两类。

（1）风险分析能力强。 1♯、2♯、3♯、4♯、5♯、8♯、9♯、11♯、12♯ 变电站风险分析能力在五个评价维度中表现较好，表明这 10 个变电站对洪涝风险的认知水平相对较高。

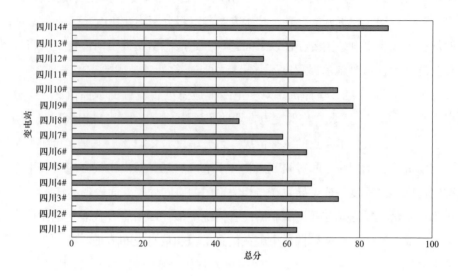

图 5-22 四川省各变电站防汛应急能力得分

其中，1♯、3♯、5♯、8♯、9♯、11♯变电站信息报送能力在五个评价维度中表现较差，表明这 6 个变电站在信息收集汇总、研判决策、内外信息沟通等方面能力较弱，可能导致不能正确判断事件现状和发展趋势，或不能有效进行信息交互，如图 5-23 所示。

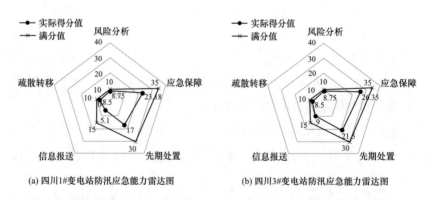

(a) 四川1#变电站防汛应急能力雷达图   (b) 四川3#变电站防汛应急能力雷达图

图 5-23 四川省 1♯、3♯、5♯、8♯、9♯、11♯变电站防汛
应急能力雷达图（一）

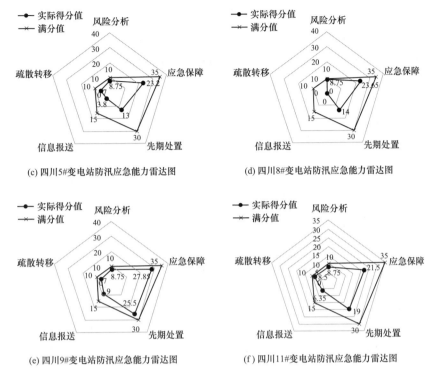

(c) 四川5#变电站防汛应急能力雷达图

(d) 四川8#变电站防汛应急能力雷达图

(e) 四川9#变电站防汛应急能力雷达图

(f) 四川11#变电站防汛应急能力雷达图

图 5-23　四川省 1♯、3♯、5♯、8♯、9♯、11♯变电站防汛
应急能力雷达图（二）

2♯、12♯变电站疏散转移能力在五个评价维度中表现较差，表明这两个变电站在疏散方案制定、组织疏散、与上级部门和政府协调配合、识别和规划正确疏散路线等能力存在较大缺口，如图 5-24 所示。

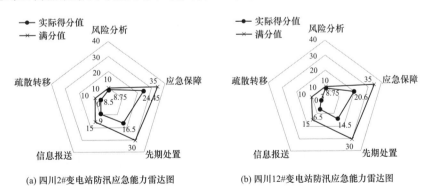

(a) 四川2#变电站防汛应急能力雷达图

(b) 四川12#变电站防汛应急能力雷达图

图 5-24　四川省 2♯、12♯变电站防汛应急能力雷达图

4#、6#变电站先期处置能力在五个评价维度中表现较差，表明这两个变电站在先期协调指导救灾、抢险安全措施布控、技术方案制定等方面存在不足，可能导致不能在事件早期采取正确措施有效控制事态发展，如图 5-25 所示。

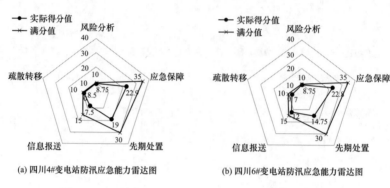

图 5-25　四川省 4#、16#变电站防汛应急能力雷达图

（2）疏散转移能力强。 7#、10#、13#、14#变电站疏散转移能力在五个评价维度中表现较好，信息报送能力在五个评价维度中表现较差。表明这 4 个变电站在疏散方案制定、组织公众有效疏散、与上级部门和政府协调配合、识别和规划正确疏散路线方面能力较强，其能力充分满足变电站应急防汛疏散转移方面的要求。但在信息收集汇总、研判决策、沟通协调等方面能力较弱，可能导致不能有效地进行防汛信息交互（见图 5-26）。但综合来看，14#变电站是 14 个变电站中总分最高且五项能力发展较为均衡的变电站。

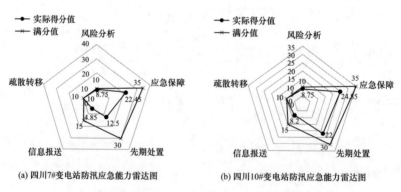

图 5-26　四川省 7#、10#、13#、14#变电站防汛
应急能力雷达图（一）

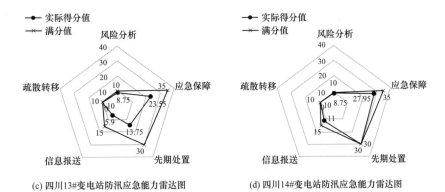

(c) 四川13#变电站防汛应急能力雷达图   (d) 四川14#变电站防汛应急能力雷达图

图 5-26　四川省 7♯、10♯、13♯、14♯变电站防汛
应急能力雷达图（二）

5.3.5　吉林省变电站防汛应急能力现状

1. 吉林省变电站防汛应急能力总体表现

运用综合评估模型对吉林省变电站防汛应急能力进行评估，吉林省各代表变电站防汛应急能力整体表现情况如图 5-27 所示。在五个评价维度中，吉林省各代表变电站风险分析能力表现最好，信息报送表现最差，表明吉林省变电站对洪涝风险的认知水平相对较高，但信息收集、汇总、发布等相关能力较弱。

（1）风险分析。吉林省各代表变电站风险分析能力较强，综合风险水平、重要度等级水平、风险分析需求秩得分率分别为 100%、75%、87.5%，重要度等级指标得分率相对较低，表明各代表变电站对具体风险情况的认知相对不足，可能对变电站洪涝灾害应对不利。

（2）应急保障。应急演练保障、应急技能保障、应急物资保障、应急组织保障得分率在 75%~80%，表现较好。表明变电站应急演练方案、频次等符合相关要求且通过演练得到锻炼队伍、磨合机制的作用，相关人员专业技能、应急物资能够满足应急响应需求，应急组织体系能够有效运行。但应急队伍保障和应急预案保障得分率较低，仅为 47.93%、60.42%，主要原因如下：一是大多数变电站为无人值守变电站，导致各变电站的运维力量略显不足；二是变电站运维人员的应急技能不过硬；三是运维人员对上级公司应急预案把握不到位，应急响应处置效率受到一定的影响；四是对省（市）电力

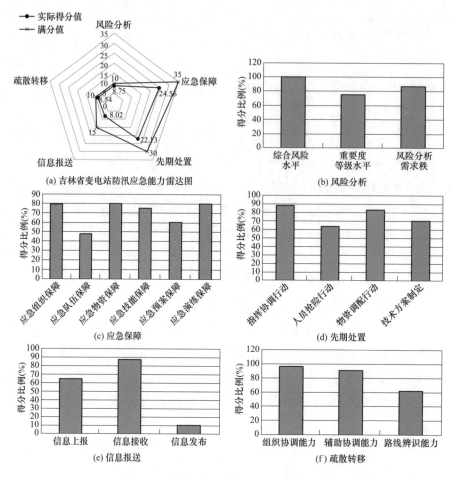

图 5-27　吉林省变电站防汛应急能力现状

公司应急预案要求不熟悉，对预警响应行动和应急响应行动措施掌握不到位，影响变电站运维人员的应急响应效果。如调查问卷第 2 题"是否成立专门的防汛应急救援队伍"及队伍人数、队员技能掌握情况等附加题综合得分率仅为 47.93%。第 5 题"根据防汛应急预案的要求，变电站运维人员应该采取的预警响应行动主要包括哪些"和第 6 题"根据防汛应急预案的要求，变电站运维人员应该采取的应急响应行动主要包括哪些"得分率均为 60% 左右。

（3）先期处置。 指挥协调行动和物资调配行动得分率在 80%～90%，表明变电站负责人对运维人员指挥、指导、协调及物资调配使用基本能满足应急响应需求。人员抢险行动得分率较低，为 63.99%，表明应急队伍成员对应急处置流程和应急处置技术要点掌握程度不够，如调查问卷第 14 题"请评价您对变电专业应急处置流程的掌握情况"和第 15 题"请评价您对变电专业防汛处置'阻来水''排积水'和'防渗水'三道防线技术要点的掌握情况"得分率分别为 62.5%、58.4%。

(4) 信息报送。信息接收得分率最高，为 87.5%，表明变电站在信息研判、识别、决策等方面能力较强，信息接收部门能够对上报信息进行科学研判，做出合理决策。信息发布得分率最低，仅为 10.42%，表明防汛信息沟通机制不完善、导致与政府防汛及相关责任单位、与电网企业防办及各责任部门的信息沟通不顺畅。如调查问卷第 23 题"您对突发情况下如何与政府防办及其成员单位沟通防汛风险的知晓情况"和第 24 题"您对突发情况下如何与电网企业防办及其成员单位沟通电网防汛风险的知晓情况"得分率均为 10% 左右。

(5) 疏散转移。组织协调能力和辅助协调能力得分率在 90%～100%，表现较好，表明变电站能够及时制定疏散方案，组织公众有序疏散，并能够配合政府疏散组织行动。路线辨识能力得分率相对较低，仅为 62.5%，原因为变电站对突发情况下变电站及其周围疏散撤离路线不够熟悉，导致不能及时制定科学合理的疏散路线。

2. 吉林省各变电站防汛应急能力分析

对吉林省 5 个变电站防汛应急能力进行全面评估（见图 5-28）。可以看出，吉林 1# 变电站得分最高，为 84.17 分，2#、3#、4# 得分较低，均为66 分左右。

经计算可知，吉林省各代表变电站的信息报送能力在五个评价维度中均表现较差。表明吉林省各代表变电站在信息报送能力存在短板，导致面对洪涝灾害时，无法将汇总信息及时上报给相关部门，信息接收部门无法对事件现状和发展趋势做出正确判断，防汛相关信息内外沟通不畅。

其中，2#、5# 变电站疏散转移能力在五个评价维度中表现较好，意味着这两个变电站能够有效进行疏散方案制定、组织公众有效疏散、与上级部门和政府协调配合、识别和规划正确疏散路线等，如图 5-29 所示。

3#、4# 变电站风险分析能力在五个评价维度中表现较好，意味着这两

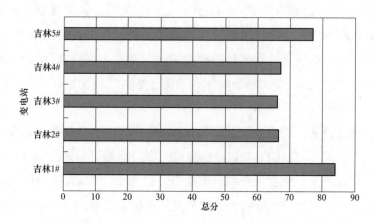

图 5-28　吉林省变各电站防汛应急能力得分

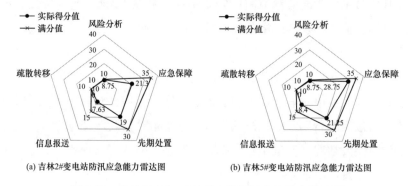

(a) 吉林2#变电站防汛应急能力雷达图　　　(b) 吉林5#变电站防汛应急能力雷达图

图 5-29　吉林省 2♯、5♯变电站防汛应急能力雷达图

个变电站对洪涝风险的认知水平较高，如图 5-30 所示。

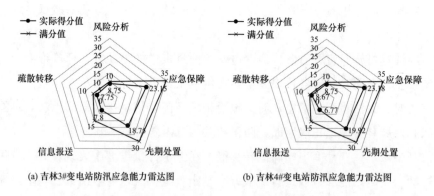

(a) 吉林3#变电站防汛应急能力雷达图　　　(b) 吉林4#变电站防汛应急能力雷达图

图 5-30　吉林省 3♯、4♯变电站防汛应急能力雷达图

1♯变电站先期处置能力在五个评价维度中表现较好，表明该变电站负责人指挥协调能力较强，能够及时制定抢险方案组织抢险行动，在物资调配及技术方案制定、实施等方面均能满足应急响应需求，如图 5-31 所示。

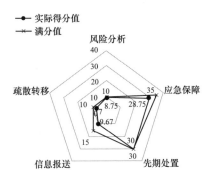

图 5-31　吉林省 1♯变电站防汛应急能力雷达图

5.3.6　陕西省变电站防汛应急能力现状

1. 陕西省变电站防汛应急能力总体表现

运用综合评估模型对陕西省变电站防汛应急能力进行评估，陕西省各代表变电站防汛应急能力整体表现情况如图 5-32 所示。在五个评价维度中，陕西省各代表变电站风险分析能力表现最好，信息报送表现最差，表明陕西省变电站洪涝风险的认知水平相对较高，但信息收集、汇总、发布等相关能力需要加强。

（1）风险分析。陕西省各代表变电站风险分析方面二级指标综合风险水平、重要度等级水平、风险分析需求秩得分率分别为 88.9%、77.78%、83.33%，三个指标得分率相对一致，重要度等级水平指标稍弱，表明各代表变电站对具体风险情况的认知稍有不足。

（2）应急保障。应急演练保障得分率较高，为 95.83%，表明变电站能够定期开展防汛演练活动。应急组织保障、应急队伍保障、应急预案保障得分率较低，分别为 55.28%、40%、59.72%。各代表变电站存在的主要问题有：一是变电站运维力量存在不足，且运维人员专业技能有待提升；二是运维人员对相关预案不熟悉，致使响应处置效果不佳；三是变电站对省（市）电力公司应急预案内容的掌握及预警响应行动和应急响应行动措施掌握不到位。如组织保障指标相关题项中第 1 题"是否为无人值守变电站及变电站与

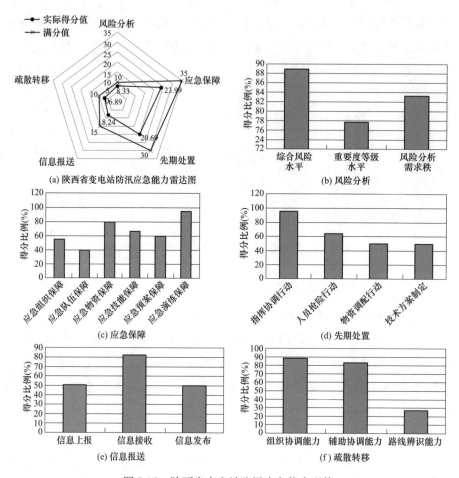

图 5-32　陕西省变电站防汛应急能力现状

运维班组办公地距离"和第 3 题"变电站运维人员岗位素质情况"得分率均在 50% 左右。预案保障指标相关题项第 5 题、第 6 题得分率分别为 62.5%、55%。

（3）先期处置。陕西省各代表变电站在先期处置方面薄弱环节主要体现在物资调配行动和技术方案制定。存在问题如下：一是变电站运维班组对应急物资装备调配流程和时间节点不清楚，致使洪涝灾害发生时应急物资装备调配方面暴露出不同程度的问题；二是运维人员对洪涝灾害应对技术方案制定的了解程度不够。如调查问卷第 16 题"您对变电站防汛应急物资装备调遭的流程和时间节点的了解情况"、第 17 题"您对变电站防汛应急的技术方案的了解情况"得分率均为 50%。

(4) 信息报送。 陕西省各变电站信息报送方面存在的主要问题同样集中在信息上报和信息发布两个方面。一是对信息报送主体、信息报送内容、信息报送流程和信息报送时间节点不熟悉；二是信息对内对外沟通机制不顺畅，主要体现在与政府防汛及相关责任单位、与电网企业防办及各责任部门信息沟通存在障碍。如调查问卷第 21 题"您对变电站防汛风险信息报送流程的了解情况"得分率为 38.67%，第 23 题"您对突发情况下如何与政府防办及其成员单位沟通防汛风险的知晓情况"得分率为 39%。

(5) 疏散转移。 组织协调能力和辅助协调能力得分率分别为 88.89%、83.33%，这两个指标表现较好，路线辨识能力得分率最低，为 27.78%，意味着各代表变电站对突发情况下变电站及其周围疏散撤离路线掌握程度不高。

2. 陕西省各变电站防汛应急能力分析

对陕西省 9 个变电站防汛应急能力进行全面评估（见图 5-33）。可以看出，陕西 2# 变电站得分最高，为 69.85 分，9# 变电站得分最低，为 64.05 分。陕西省 9 个变电站得分在 64~70 分 之间，各代表变电站防汛水平亟需提升。

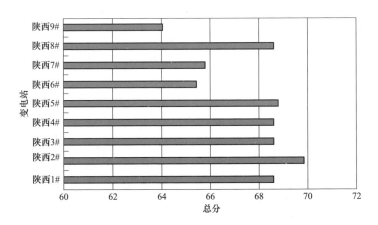

图 5-33　陕西省各变电站防汛应急能力得分

经计算，将陕西省变电站应急能力表现情况分为以下两类。

(1) 风险分析能力强。1♯、2♯、3♯、4♯、5♯、6♯、9♯变电站风险分析能力在五个评价维度中表现较好，表明这 7 个变电站对洪涝风险的认知水平较高。信息报送能力在五个评价维度中表现较差，表明变电站在信息收集汇总上报、信息研判决策、内外部信息沟通方面存在不足，如图 5-34 所示。

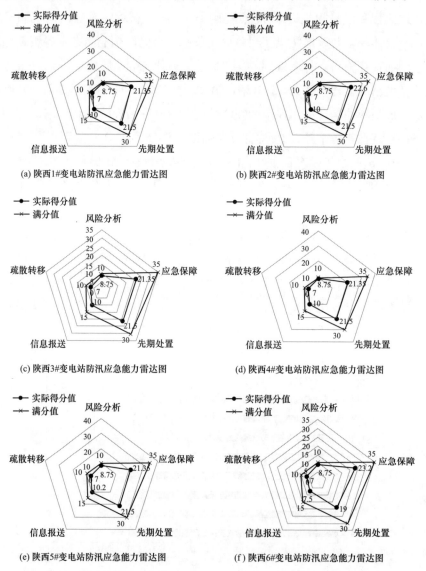

图 5-34　陕西省 1♯、2♯、3♯、4♯、5♯、6♯、9♯变电站防汛
应急能力雷达图（一）

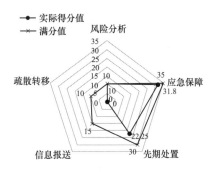

(g) 陕西9#变电站防汛应急能力雷达图

图 5-34　陕西省 1♯、2♯、3♯、4♯、5♯、6♯、9♯变电站防汛
应急能力雷达图（二）

（2）疏散转移能力强。7♯、8♯变电站疏散转移能力在五个评价维度中表现较好，表明这两个变电站相关工作人员能及时制定合理的疏散方案，辅助上级部门组织疏散并识别、规划正确的疏散路线。风险分析能力在五个评价维度中表现较差，表明变电站对洪涝灾害风险认知水平较低（见图 5-35）。

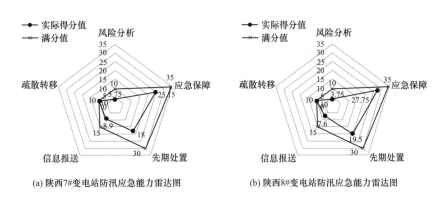

(a) 陕西7#变电站防汛应急能力雷达图　　　(b) 陕西8#变电站防汛应急能力雷达图

图 5-35　陕西省 7♯、8♯变电站防汛应急能力雷达图

5.3.7 甘肃省变电站防汛应急能力现状

1. 甘肃省变电站防汛应急能力总体表现

运用综合评估模型对甘肃省变电站防汛应急能力进行评估，甘肃省各代表变电站防汛应急能力整体表现情况如图 5-36 所示。在五个评价维度中，甘肃省各代表变电站风险分析能力表现最好，信息报送表现最差，表明甘肃

省变电站洪涝风险的认知水平相对较高，但信息收集、汇总、发布等相关能力需要进一步加强。

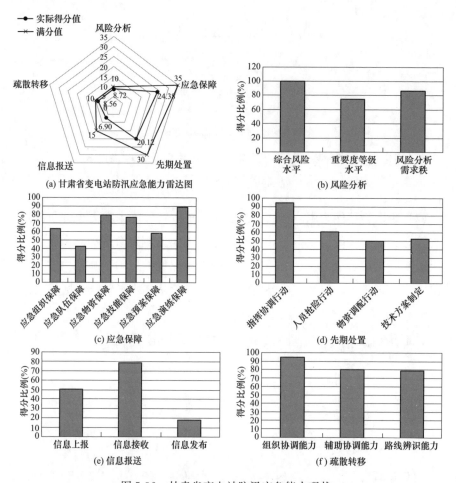

图 5-36　甘肃省变电站防汛应急能力现状

（1）风险分析。 风险分析二级指标综合风险水平、重要度等级水平、风险分析需求秩得分率分别为 99.83%、74.55%、87.49%，重要度等级水平得分率相对较低，表明变电站对具体风险情况的认知相对不足。

（2）应急保障。 应急保障方面存在的主要问题集中在应急队伍保障和应急预案保障。应急队伍保障方面存在以下问题：一是大多数变电站为无人值守变电站，运维力量略有不足；二是运维人员专业性不够强；三是运维人员对相关预案认识不彻底。如调查问卷第 2 题"是否成立专门的防汛应急救援队伍"及队伍人数、队员技能掌握情况等附加题综合得分率仅为 42.2%。应急预案保障存在的问题主要是省（市）电力公司应急预案的掌握不到位，对洪涝灾害应对期间的预警响应行动和应急响应行动措施掌握也不到位。如第 5 题、第 6 题预案保障指标相关题项得分率分别为 64.25%、53.5%。

（3）先期处置。 与陕西省情况类似，甘肃省先期处置方面存在的问题也集中于物资调配行动和技术方案制定，得分率均为 50%左右。意味着甘肃省各代表变电站同样存在变电站运维班组对应急物资装备调配流程和时间节点不清楚、运维人员对洪涝灾害应对技术方案制定的了解程度不够等问题。

（4）信息报送。 信息报送二级指标信息上报、信息接收、信息发布得分率分别为 51.05%、78.64%、18.48%，表明甘肃各代表变电站在信息上报和信息发布方面能力较弱，尤其是信息发布能力亟需改进提升。原因如下：一方面对于信息报送主体（需要同一时间向不同负责部门报送）、信息报送内容、信息报送流程和信息报送时间节点认识不够；另一方面，信息对内对外沟通机制不顺畅，主要体现在与政府防汛及相关责任单位、与电网企业防办及各责任部门信息沟通存在障碍。如调查问卷第 21 题"您对变电站防汛风险信息报送流程的了解情况"得分率为 50.33%，第 22 题"您对变电站防汛风险信息报送时间节点的知晓情况"得分率仅为 16%。

（5）疏散转移。 甘肃省各代表变电站疏散转移二级指标组织协调能力、辅助协调能力、路线辨识能力得分率分别为 95.02%、79.90%、78.90%。意味着各代表变电站在疏散转移方面整体表现较好，在对自身疏散撤离职责的认知和周围疏散路线熟悉程度方面略有不足，可以进一步提升。

2. 甘肃省各变电站防汛应急能力分析

对甘肃省 13 个变电站防汛应急能力进行全面评估（见图 5-37）。可以看出，甘肃 10♯ 变电站得分最高，为 88.15 分，1♯ 变电站得分最低，为 56.46 分。

经计算可知，甘肃省各代表变电站信息报送能力在五个评价维度中均表现较差。和浙江省较为相似，即对信息报送主体、信息报送内容、信息报送流程和信息报送时间节点掌握不够，与政府防汛及相关责任单位和电网企业防办及各责任部门信息沟通不顺畅。

甘肃省各代表变电站大致可以分为以下两类。

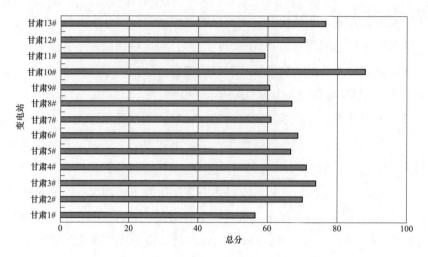

图 5-37 甘肃省各变电站防汛应急能力得分

（1）风险分析能力强。 1♯、7♯、8♯、9♯、11♯、12♯变电站风险分析能力在五个评价维度中表现较好，表明这 6 个变电站对洪涝风险认知水平较高，如图 5-38 所示。

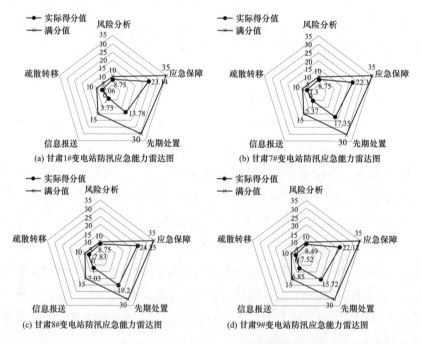

(a) 甘肃1#变电站防汛应急能力雷达图

(b) 甘肃7#变电站防汛应急能力雷达图

(c) 甘肃8#变电站防汛应急能力雷达图

(d) 甘肃9#变电站防汛应急能力雷达图

图 5-38 甘肃省 1♯、7♯、8♯、9♯、11♯、12♯变电站防汛应急能力雷达图（一）

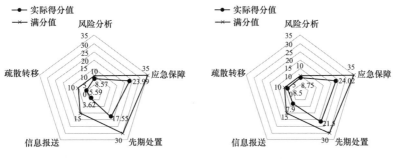

(e) 甘肃11#变电站防汛应急能力雷达图 (f) 甘肃12#变电站防汛应急能力雷达图

图 5-38 甘肃省 1♯、7♯、8♯、9♯、11♯、12♯变电站防汛应急能力雷达图（二）

（2）疏散转移能力强。2♯、3♯、4♯、5♯、6♯、10♯、13♯变电站疏散转移能力在五个评价维度中表现较好，表明这 7 个变电站相关工作人员能及时制定合理的疏散方案，辅助上级部门组织疏散并识别、规划正确的疏散路线，如图 5-39 所示。

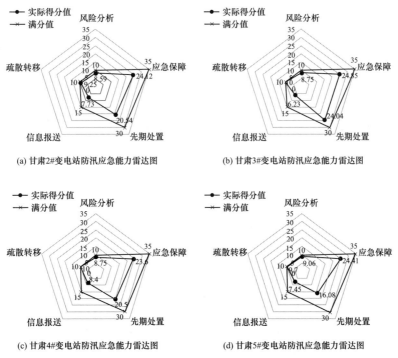

(a) 甘肃2#变电站防汛应急能力雷达图 (b) 甘肃3#变电站防汛应急能力雷达图

(c) 甘肃4#变电站防汛应急能力雷达图 (d) 甘肃5#变电站防汛应急能力雷达图

图 5-39 甘肃省 2♯~6♯、10♯、13♯变电站防汛应急能力雷达图（一）

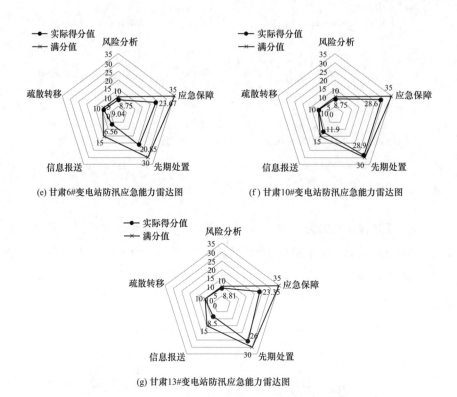

(e) 甘肃6#变电站防汛应急能力雷达图

(f) 甘肃10#变电站防汛应急能力雷达图

(g) 甘肃13#变电站防汛应急能力雷达图

图 5-39　甘肃省 2♯～6♯、10♯、13♯变电站防汛应急能力雷达图（二）

5.3.8　省际变电站防汛应急能力对比分析

根据河南、浙江、安徽、四川、吉林、陕西、甘肃 7 个省的变电站防汛应急能力得分情况，首先计算了各省防汛应急能力综合得分（见图 5-40）。由图 5-40 可知，安徽省在 7 个省中得分最高，为 73.93 分，表明安徽省变电站防汛应急能力在 7 个省中整体表现最好。河南省得分最低，为 66.76 分，表明河南省变电站防汛应急能力在 7 个省中表现最差。7 个省得分均在 60～79 分，根据应急能力等级划分均处于 C 级，表明 7 个省的变电站在面对洪涝灾害时准备不足，甚至极为脆弱，一旦遭遇洪涝灾害，极有可能出现全站停电，进一步造成大面积停电事故，或电力系统瓦解。因此亟需提升 7 个省的变电站面对极端天气时的防汛抗灾能力。

由前文计算结果不难看出，7 个省的变电站应急能力现状存在共性特征：即风险分析认知能力较强，信息报送能力较弱。表明这是变电站的一个共性

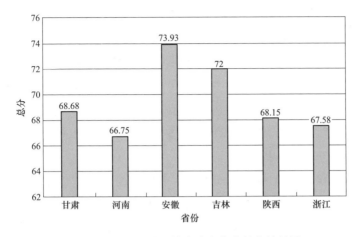

图 5-40　变电站防汛综合应急能力得分情况图

问题，绝大多数变电站能够较为准确的认知自身面临的洪涝灾害风险，但信息报送方面仍然存在较多的问题：一是信息收集途径相对单一，目前主要以气象部门官方数据为主，电网企业信息网格员报送为辅；二是信息报送负责人、信息报送内容、信息报送流程和时间节点等信息报送关键内容知晓情况欠佳；三是针对变电站洪涝灾害信息的对内对外沟通不顺畅，主要受"寡头—多头"的信息报送机制约束。为了进一步明确省际差异，对五个评价维度的得分率分别进行对比分析。

（1）风险分析。由图 5-41 可知，7 个省的变电站风险分析得分率均在

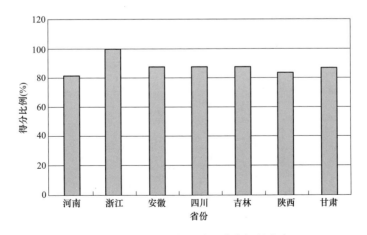

图 5-41　7 个省的变电站风险分析得分率

80%以上，其中浙江得分率最高，为 99.9%，河南得分率最低，仅为 81.7%。受风险驱动能力基础理论的影响，浙江等南方省份受暴雨灾害影响的概率相对较高，各电网企业对防汛风险以及具体风险内容的认知情况相对较好。相反地，在 2021 年河南"7·20"暴雨灾害之前，河南省虽然每年都会出现不同程度的暴雨灾害，但电网企业，特别是基层变电站并未受到严峻考验，故其对洪涝灾害整体认知情况认知较好，但对变电站防汛具体风险的认知情况有待于进一步提高。

（2）应急保障。由图 5-42 可知，7 个省的变电站应急保障得分率均在 65%～75%，评价等级均处于 C 级。7 个省的变电站应急保障方面均存在不同程度的问题：一是应急保障能力略显不足。当前，7 个省的大多数变电站为无人值守变电站，各变电站运维班组负责变电站的距离仍然以企业规定的标准为主，其绝对距离虽然符合企业标准，但一旦发生类似于郑州"7·20"事件的暴雨灾害时，这些距离便成为应急处置的限制性因素。此外，变电站应急队伍的应急技能水平仍需要进一步提升；二是应急物资装备配备未考虑差异化因素，并未依据变电站面临的风险差异化配置应急物资装备；三是对省（市）电力公司应急预案规定的预警响应行动和应急响应行动掌握情况欠佳，致使洪涝灾害发生时凸显出其应急能力欠佳；四是防汛应急演练流于形式，过度关注演练的计划与安排，对演练实施及其实施效果关注不够。

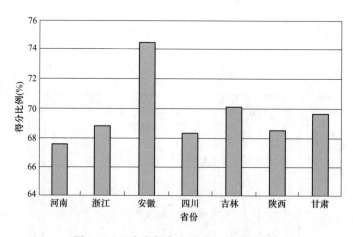

图 5-42　7 个省的变电站应急保障得分率

（3）先期处置。由图 5-43 可知，7 个省代表变电站应急保障得分率均在 60%～75%，评价等级均处于 C 级。各代表变电站在先期处置方面存在的主要问题有：一是变电站常规运维人员作为应急队伍的专业性不够，主要表现在对洪涝灾害应对措施、应急处置流程、应急处置技术要点等专业应急技能的知晓程度相对较差；二是对电网企业应急物资调配的流程和时间节点尚不太清楚；三是对于参与制定变电站防汛应急处置技术方案了解程度不够。

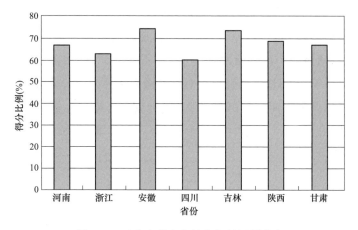

图 5-43　7 个省的变电站先期处置得分率

（4）信息报送。由图 5-44 可知，7 个省的变电站信息报送得分率均在 40%～60%，其中安徽省和浙江省各代表变电站的得分率为最高和最低，得

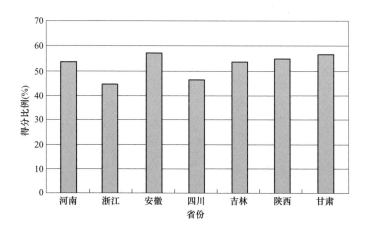

图 5-44　7 个省的变电站信息报送得分率

分率分别为 57.4% 和 44.53%。从得分情况分析，7 省内各变电站信息报送环节都相对薄弱，存在的主要问题有：一是变电站洪涝灾害相关信息收集的途径相对单一，主要以官方气象部门、电网公司信息网格员发布或报送的信息为主，变电站专业防汛信息收报途径相对较少；二是变电站对信息报送主体、信息报送内容、信息报送流程和信息报送关键节点的知晓程度相对较低；三是信息对内（电网企业防汛办及相关部门）对外（政府防办及相关责任单位）的防汛信息沟通机制欠顺畅，需进一步理顺和加强。

（5）疏散转移。 由图 5-45 可知，7 个省的变电站疏散转移得分率均在 65%～100%，得分率跨度较大。其中甘肃得分率最高为 100%，河南得分率最低为 68.8%，表明甘肃各变电站对疏散撤离指挥人员、疏散撤离职责和疏散撤离路线等认知方面情况相对较好，而河南省各变电站需要在这些方面进一步提高认知。

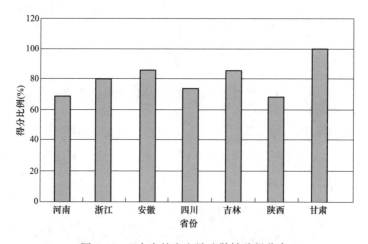

图 5-45　7 个省的变电站疏散转移得分率

5.4　本　章　小　结

本章从五个评价维度来看河南、浙江、安徽、四川、吉林、陕西、甘肃 7 个省的变电站均存在风险分析能力强、信息报送能力弱的问题。安徽省变电站防汛应急能力在 7 个省中最高，河南省变电站防汛应急能力在 7 个省中最低。7 个省风险分析能力方面由高到低的排名为：浙江＞安徽＝四川＝吉林＞甘肃＞陕西＞河南。7 个省应急保障能力方面由高到低的排名为：安徽

＞吉林＞甘肃＞浙江＞陕西＞四川＞河南。7 个省先期处置能力方面由高到
低的排名为：安徽＞吉林＞陕西＞甘肃＞河南＞浙江＞四川。7 个省信息报
送能力方面由高到低的排名为：安徽＞甘肃＞陕西＞河南＞吉林＞四川＞浙
江。7 个省疏散转移能力方面由高到低排名为：甘肃＞安徽＞吉林＞浙江＞四
川＞陕西＞河南。

6 基于风险水平——应急能力水平的变电站防汛二维要素结构矩阵模型的构建

不同变电站洪涝灾害的风险水平不同，对变电站应急能力的需求也存在差异。不同变电站的应急能力现状水平不同，洪涝灾害的应急响应处置也不尽相同。因此，变电站洪涝灾害的应急处置是建立在变电站防汛风险水平和应急能力现状水平的基础上的，故构建基于风险水平—应急能力水平的变电站防汛二维要素结构矩阵模型具有非常重要的理论及现实意义。

6.1 理论支撑与模型假设

6.1.1 风险驱动能力需求理论

从全球范围来看，2022 年全球 37.7％ 的国家气象站日最高气温达到极端高温事件标准，其中 262 个气象站日最高气温持平或突破历史极值。2022年 6 月期间，地表温度超过 50℃ 的土地面积占全球土地总面积的 4.23％。持续攀升的地表平均气温会造成气候风险水平升高，特别是极端暴雨灾害事件的数量会持续增加（见图 6-1 和图 6-2）。从全国范围来看，2020 年，全国共出现 33 次大范围强降水过程，平均降水量 689.2mm，较常年偏多11.2％，为 1961 年以来第三多。2021 年，全国共发生 42 次强降雨过程，面降水量 659mm，较常年偏多 6％。2021 年，全国共出现暴雨（日降水量 ≥50.0mm）7667 站日，较常年偏多 26.9％，为 1961 年以来暴雨站日数排名第二的年份，仅次于 2016 年。黄淮中西部、江淮大部、江南大部及福建北部、广东中部、广西南部、海南、四川东北部、重庆大部、湖北西部等地暴雨日数有 4～8 天，其中四川东北部局部、重庆北部等地超过 8 天。河北西南部、山东西部、河南北部、四川东北部、重庆北部等地暴雨日数较常年偏多 3～5 天，局地超过 5 天；广东沿海局地及广西中部局地偏少 3～5 天。可见，全国暴雨洪涝灾害十分严重，应急管理部公布的 2021 年十大自然灾害前 6 名中，有 5 个灾害是由于暴雨引起的洪涝灾害。暴雨灾害的频繁发生

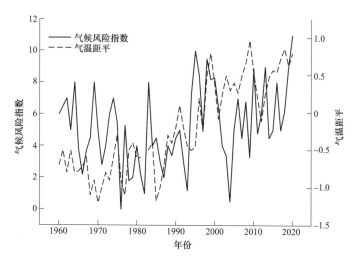

图 6-1 1960～2020 年中国气候风险指数和地表年平均气温距平

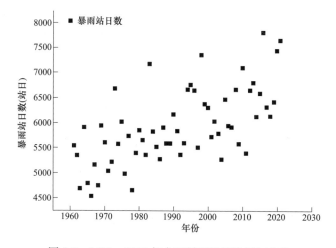

图 6-2 1961～2021 年全国暴雨站日数历年变化

大大增加了电网防汛风险，风险水平的增加也必然会驱动电网应急能力的显著提升。如图 6-3 和图 6-4 所示，当电网防汛风险水平处于低水平（防汛风险为Ⅳ级时），应急能力需求水平也相对较低，电网状态处于可容忍水平；当电网防汛风险水平上升时，其应急能力水平也显著上升，电网应急能力亟需提升，电网状态处于需要处置状态；当电网防汛风险水平达到一个高水平时，对电网防汛应急能力的需求也达到一个更高的水平。

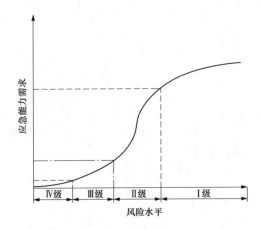

图 6-3 电网防汛风险水平与应急能力需求之间的作用关系曲线

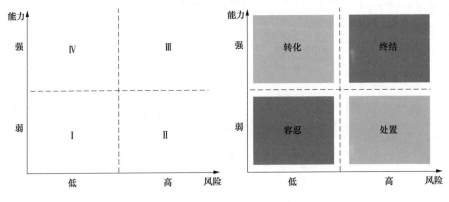

图 6-4 防汛风险驱动应急能力需求概念模型

实际上，不同风险驱动作用下电网的应急能力现状呈现出如下特征：①风险水平较低时，电网的应急能力水平也相对较低，这主要是因为风险水平较低时，电网企业自身也放松警惕，应急能力建设投入方面也略显不足；②风险水平相对较高，应急能力相对较弱，无法满足电网防汛应急的需求，这需要电网加强应急能力建设，切实提高自身的应急能力水平，现实中绝大多数电网企业处于这种"处置"状态（见图 6-4）；③防汛风险水平高，电网应急能力强。由于电网自身防汛风险水平高，电网应急方面投入也相对较高，应急能力水平也能够与其自身的风险水平相匹配，部分电网企业可以达到这种"终结"状态。

调查研究显示，大多数电网在防汛应急能力建设方面存在不同程度的不足，即不同电网企业存在不同程度的应急能力缺失值，这使得电网无法有效地应对其面临的各种防汛风险（见图6-5）。因此，防汛风险水平不同，应急能力的需求值也相应地增加，应急能力水平的缺失值也存在较大差异，电网防汛应急能力需求随着电网风险水平和应急能力缺失值的不同而存在较大的差异，即防汛风险水平驱动了电网对应急能力建设的需求，电网防汛应急能力建设也必须考虑其自身的风险水平。

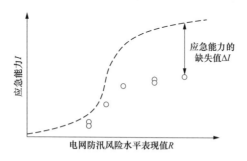

图6-5 电网企业防汛风险水平与应急能力之间的作用关系理论模型

6.1.2 变电站防汛应急"风险—韧性—能力" 三角形模型理论

电网防汛风险是其韧性建设的主要推动力，风险水平不同，对电网韧性建设的要求也有显著差异（见图6-6）。理论上，当韧性水平一定时，电网抵御防汛突发事件的能力会呈现衰减的趋势（见图6-7）。实际上，由于电网防汛韧性的作用，其电网防汛风险对于其抵御防汛突发事件能力水平衰减并不是一个连续的过程，而是呈现出"阶梯式"衰减（见图6-8），这对于制定防汛突发事件应对措施非常有利，加之电网防汛韧性水平的提高能够降低和延缓其自身防汛风险的抵御能力的衰减。

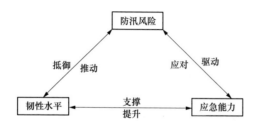

图6-6 防汛应急"风险—韧性—能力"三角形理论模型

$$Q = f_1(R) \tag{6-1}$$

式中：Q 为电网韧性水平值；R 为电网防汛风险水平表现值。

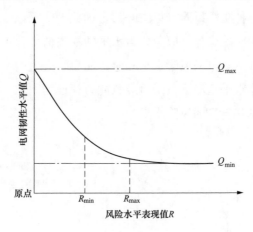

图 6-7　变电站防汛风险与其抵御风险能力水平之间的作用关系

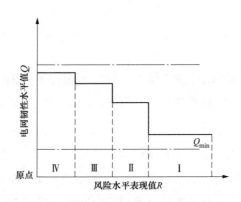

图 6-8　变电站防汛风险与其抵御风险能力水平之间的阶梯式关系

　　电网防汛应急能力建设的驱动力，风险水平的提高驱动了防汛应急能力的需求水平。相反地，电网应急能力的提高使得电网能够有效应对防汛突发事件，减少电网防汛突发事件造成的损失。风险水平值 R 计算公式为

$$R = f_2(I) \tag{6-2}$$

合并式（6-1）和式（6-2），得

$$\Delta I = f(\Delta Q) \tag{6-3}$$

　　因此，韧性水平的提升能够对电网防汛应急能力起到有效的支撑作用，而应急能力的提升也会增加电网防汛的耐受水平，减缓电网防汛风险抵御能

力水平的衰减，从而减少对电网的防汛压力。韧性水平与应急能力水平的耦合作用能够有效提高电网应对防汛突发事件的综合应对能力，特别是类似于河南郑州"7·20"暴雨灾害这样的极端气候灾害的综合应对能力。

6.1.3 边界条件设定

（1）假设不同变电站的防汛风险水平可以被划分为高风险（Ⅰ级）、较高风险（Ⅱ级）、一般风险（Ⅲ级）和低风险（Ⅳ级）四个等级。

（2）假设不同变电站洪涝灾害的应急能力水平可以划分为强、较强、中等和弱四个等级。

（3）假设利用正交实验方法耦合变电站防汛风险水平和应急能力水平之间的关系，则根据（1）和（2）计算，可以耦合出16T（4×4）作用矩阵。

6.2 二维要素结构矩阵模型的构建

变电站风险水平与韧性水平、应急能力现状水平耦合作用关系是差异化应急处置的关键所在。因此，在电网防汛风险驱动应急能力需求概念模型、防汛应急"风险—韧性—能力"三角形理论模型的基础上，进一步构建变电站防汛应急的二维要素结构矩阵关系为差异化应急处置方案的提出提供重要的理论参考依据。在此基础上，利用对应分析、正交实验研究方法，构建变电站防汛风险水平—应急能力（韧性）水平的二维要素结构矩阵（见图 6-9）。根据各变电站应急要素及输出结构的作用关系，可以输出 16 个输出结果，提炼出 8 种典型运维模式（见图 6-10），最终提炼出变电站不同的运维模式。

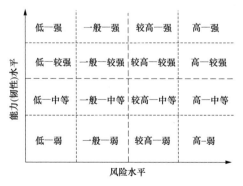

图 6-9 变电站防汛突发事件的 16T（4×4）二维要素结构矩阵

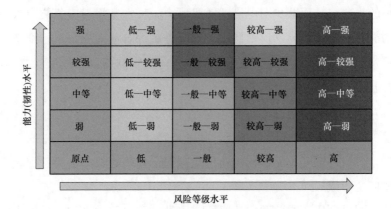

图 6-10　变电站防汛突发事件的 8 种典型模式

　　各变电站的差异化应急处置方案主要包括差异化应急处置方案文本、应急处置流程图、应急处置卡和各种应急资源支撑附件。差异化应急处置的理论支撑点是电网企业的防汛应急预案,差异化应急处置的重点主要体现在差异化指挥协调行动、人员抢险行动、物资调配行动、信息上报与发布、组织协调能力和人员疏散撤离能力等方面,差异化应急处置的表现形式主要体现在超前应急、提级应急和超前＋提级应急响应处置。其中,对于高—弱［应急能力(韧性)水平为较强、中等和弱］结构,应依据电网防汛应急预案采取超前＋提级＋联合应急响应处置方案;对于较高→高风险过渡结构(较高—弱、高—强模式),应依据电网防汛应急预案采取超前＋提级应急响应处置方案;对于较高—较强(中等)结构,应依据电网防汛应急预案采取超前应急响应处置方案。超前时间与运维班组和无人值守变电站之间的距离、变电站综合风险水平和应急能力现状水平有关。

6.3　本　章　小　结

　　本章提出了变电站防汛二维要素结构矩阵模型的支撑理论和模型假设,构建了基于风险水平—应急能力水平的变电站防汛二维要素结构矩阵模型。

7 变电站典型防汛运维模式的构建

前面章节研究表明，不同变电站防汛风险水平不同，应急能力现状水平也存在显著差异，这直接导致变电站的防汛运维模式具有显著差异性，故运维模式的差异性是由变电站的防汛风险水平、应急能力现状水平以及两者耦合作用的二维要素结构矩阵共同耦合作用决定的。

在防汛风险综合评价、应急能力现状评价以及二维要素结构矩阵的基础上，本著作通过文献调研、要素提取、逻辑推理和归纳总结方法，提出基于不同标准的变电站分类分级体系，最终构建基于变电站分类体系的典型的运维模式，为变电站差异化应急处置提供重要的理论参考。

7.1 数据来源与研究方法

7.1.1 数据来源

本章研究所用数据主要来源于国网河南省电力公司电力科学研究院和各相关地市统计年鉴和现场调研的结果。

7.1.2 研究方法

(1) 文献调研方法。 查阅变电站分级分类、防汛运维模式等方面最新高质量学术论文，汲取国内外先进的做法，为本著作提出基于二维要素结构矩阵的变电站典型防汛运维模式提供重要的理论依据。

(2) 要素提取方法。 搜集整理国内外电网防汛运维模式的典型案例，提取关键要素，为变电站防汛运维模式提供方法支撑。

(3) 逻辑推理和归纳总结方法。 利用逻辑推理方法和归纳总结方法总结变电站不同防汛运维模式的主要特征。

7.2 变电站典型防汛运维模式的构建

7.2.1 变电站典型防汛运维模式的构建

基于风险水平——应急能力现状水平二维要素（4×4）结构矩阵，提炼出16种具体的防汛运维模式，提炼出低风险驱动作用模式、风险驱动能力需求增长模式、高风险水平—强能力需求模式和高风险水平—低应急表现能力模式 4 种典型运维模式（见表 7-1），每种运维模式都不仅仅表现出单一风险，而是暴雨暴露类型、老旧站型、河道附近或蓄滞洪区、地势低洼或地下站型、城市中心站型、枢纽站型、山洪泥石流隐患胁迫型和韧性缺陷型 8 种典型风险的组合。

表 7-1　基于二维要素结构矩阵的变电站典型防汛运维模式及特征

风险水平	应急能力现状水平	二维要素作用关系模式	风险类型	主要特征
低	强	低风险驱动作用模式	暴雨暴露类型	年平均暴雨频次小于 1 次
			老旧站型	（1）变电站修建年份不超过 5 年；（2）城市功能区划对变电站及周边环境影响较小或微弱；（3）变电站基础建筑维修完善及时
低	较强		河道附近或蓄滞洪区	站区 20km 内有湖泊、水库或大型河流或运河
低	中等		地势低洼或地下站型	站区高于周边地面
低	弱		城市中心站型	县（市、区）级城市中心站
一般	强		枢纽站型	110kV 枢纽变电站
一般	较强		山洪泥石流隐患胁迫型	地质灾害正常区域
			韧性缺陷型	高水平
一般	中等	风险驱动能力需求增长模式	暴雨暴露类型	1 次≤年平均暴雨频次＜3 次
			老旧站型	（1）5 年≤变电站修建年份＜15 年；（2）城市功能区划对变电站及周边环境有一定程度的影响；（3）变电站基础建筑有一定的破损或裂痕
一般	弱		河道附近或蓄滞洪区	站区 5km 范围内有运河
			地势低洼或地下站型	站区与周边地面持平
较高	强		城市中心站型	市级城市中心站
			枢纽站型	220kV 枢纽变电站
较高	较强		山洪泥石流隐患胁迫型	地质灾害偶发区域
			韧性缺陷型	较高水平
较高	中等			

续表

风险水平	应急能力现状水平	二维要素作用关系模式	风险类型	主要特征
较高	弱	高风险水平—强能力需求模式	暴雨暴露类型	3 次≤年平均暴雨频次＜5 次
			老旧站型	（1）15 年≤变电站修建年份＜20 年；（2）城市功能区划对变电站及周边环境有较大程度的影响；（3）变电站基础建筑存在较严重破损或裂痕
			河道附近或蓄滞洪区	站区 5km 范围内有河流
			地势低洼或地下站型	站区低于周边地面，有排水沟
高	强		城市中心站型	重点或省会城市中心站
			枢纽站型	500kV 枢纽变电站
			山洪泥石流隐患胁迫型	地质灾害易发区域
			韧性缺陷型	一般水平
高	较强	高风险水平—低应急表现能力模式	暴雨暴露类型	年平均暴雨频次≥5 次
			老旧站型	（1）变电站修建年份≥20 年；（2）城市功能区划对变电站及周边环境有极大程度的影响；（3）变电站基础建筑存在严重破损或裂痕
			河道附近或蓄滞洪区	站区 5km 范围内有大型河流
高	中等		地势低洼或地下站型	站区低于周边地面，且无排水沟
			城市中心站型	超大城市中心站
			枢纽站型	大于 500kV 超高压枢纽变电站
高	弱		山洪泥石流隐患胁迫型	地质灾害高发区域
			韧性缺陷型	低水平

河南省调研 220kV 和 500kV 变电站作用模式及占比情况如图 7-1 所示。

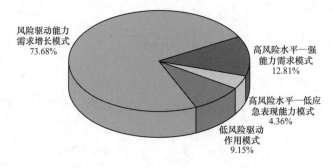

风险驱动能力
需求增长模式
73.68%

高风险水平—强
能力需求模式
12.81%

高风险水平—低应
急表现能力模式
4.36%

低风险驱动
作用模式
9.15%

图 7-1　河南省调研 220kV 和 500kV 变电站作用模式及占比情况

(1) 低风险驱动作用模式。这种变电站洪涝灾害风险发生概率低、烈度小，综合风险水平低或一般，包含两种情况：一是变电站洪涝灾害综合风险水平低，应急表现能力为强、较强、中等或弱，这种类型变电站洪涝灾害发生后影响程度小，变电站洪涝灾害属于风险低；二是变电站洪涝灾害综合风险水平一般，变电站洪涝灾害应急表现能力强或较强，这种变电站属于风险水平一般，应急表现能力强，属于变电站洪涝灾害风险水平一般——应急能力水平足以应对作用模式。这种作用模式具备一种或一种以上如下主要特征：①年平均暴雨频次小于 1；②变电站修建年份不超过 5 年或城市功能区划对变电站及周边环境影响较小或微弱或变电站基础建筑维修完善及时；③ 站区 20km 内有湖泊、水库、大型河流或运河；④站区高于周边地面；⑤县（市、区）级城市中心站；⑥110kV 枢纽变电站；⑦地质灾害正常区域；⑧变电站韧性水平相对较高。在统计的河南省 437 座变电站中，属于这种作用模式的变电站有 40 座，占比为 9.15%。

(2) 风险驱动能力需求增长模式。根据风险驱动能力需求理论，变电站洪涝灾害风险水平升高，对其应急能力的需求水平也相应提高，这种作用模式包含风险水平与应急能力之间的对应关系包括：一般风险—中等应急能力、一般风险—弱应急能力、较高风险—强应急能力、较高风险—较强应急能力和较高风险—中等应急能力。可见，这种作用模式表现为一般风险应急能力不足、较高风险应急能力不足或较高风险应急能力相当。这种作用模式具备一种或一种以上如下主要特征：①年平均暴雨频次大于等于 1 次且小于

3 次；②变电站修建年份大于等于 5 年小于 15 年或城市功能区划对变电站及周边环境有一定的影响或变电站基础建筑有一定的破损或裂痕；③ 站区 5km 范围内有运河；④站区与周边地面持平；⑤市级城市中心站；⑥220kV 枢纽变电站；⑦地质灾害偶发区域；⑧变电站韧性水平较高。在统计的河南省 437 座变电站中，属于这种作用模式的变电站有 322 座，占比为 73.68%。

（3）高风险水平—强能力需求模式。这种作用模式变电站的洪涝灾害风险水平与应急能力之间存在两种典型的作用关系：一是风险水平较高—应急表现能力弱，表现为变电站应急现状水平与应急能力的需求值之间差距较大，变电站现有应急能力不足以应对可能出现的暴雨灾害；二是变电站风险水平高—应急表现能力强。这种作用关系表现为变电站洪涝灾害风险水平高，应急表现能力强，基本能够应对变电站面临的大多数洪涝灾害风险。然而，当发生极端性暴雨灾害或多灾种耦合作用下会出现灾害的链式传递或转化，导致现有应急能力不足以应对这些突发情况。这种作用模式具备一种或一种以上如下主要特征：①年平均暴雨频次大于等于 3 次且小于 5 次；②变电站修建年份大于等于 15 年小于 20 年或城市功能区划对变电站及周边环境有较大程度的影响或变电站基础建筑存在较为严重的破损或裂痕；③ 站区 5km 范围内有河流；④站区低于周边地面，有排水沟；⑤重点或省会城市中心站；⑥500kV 枢纽变电站；⑦地质灾害易发区域；⑧变电站韧性水平一般。在统计的河南省 437 座变电站中，属于这种作用模式的变电站有 53 座，占比为 12.81%。

（4）高风险水平—低应急表现能力模式。这种作用模式下变电站洪涝灾害风险水平与应急能力之间的作用关系包括高风险水平—较强应急表现能力、高风险水平—中等应急表现能力和高风险水平—弱应急表现能力，其突出特点是洪涝灾害风险水平高且应急表现能力与风险驱动作用下应急能力需求值之间不匹配，现有应急能力远远达不到高风险对应急能力的需求值，即现有的应急能力不足以应对变电站洪涝灾害高风险。这种作用模式具备一种或一种以上如下主要特征：①年平均暴雨频次大于等于 5 次；②变电站修建年份大于等于 20 年或城市功能区划对变电站及周边环境有极大程度的影响或变电站基础建筑严重破损或裂痕；③ 站区 5km 范围内有大型河流；④站区低于周边地面，且无排水沟；⑤超大城市中心站；⑥大于 500kV 枢纽变电站；⑦地质灾害高发区域；⑧变电站韧性水平低。在统计的河南省 437 座变电站中，属于这种作用模式的变电站有 19 座，占比为 4.36%。

可见，每一种典型的防汛运维模式包含若干个不同特征的变电站，每一个变电站采取的应急处置方案也存在不同程度的差异。依据"风险类型对应应急响应行动，运维模式对应应急处置方案"的原则，形成各个变电站的应急处置方案。当风险类型发生变化时，需要及时调整防汛应急响应措施，防汛运维模式发生变化时，需要及时调整应急处置方案，防汛风险和运维模式的调整对应着变电站防汛应急处置方案的动态优化与调整。

7.2.2 变电站典型防汛运维模式对应急能力需求分析

不同运维模式对应急能力的需求情况具有明显的差异性特征，不同运维模式对应急能力需求分析框架图如图 7-2 所示。

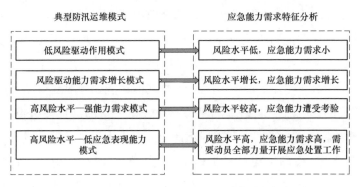

图 7-2 不同运维模式对应急能力需求分析框架图

（1）变电站处于低风险驱动作用模式时，变电站防汛风险水平低，对应急能力需求小，变电站按照正常运维状态运行，汛期需要加强应急处置措施。

（2）变电站处于风险驱动能力需求增长模式时，防汛风险水平提高，对应急能力需求值增长，需要启用超前应急模式，针对应急能力现状评估结果、针对应急能力方面的短板和不足加强应急能力建设。与此同时，洪涝灾害发生前一定时间范围内，需要按照防汛应急响应处置的要求提前开展应急响应处置工作。

（3）变电站处于高风险水平—强能力需求模式时，对其自身应急能力的需求较高，往往出现超出自身应急能力的现象，故在启动超前应急的同时应该启动提级应急响应，即按照防汛应急预案规定更高一级应急响应开展应急响应处置工作。

（4）变电站处于高风险水平—低应急表现能力模式时，出现风险水平高且应急能力不足的现象，对其自身应急能力产生极大的考验，需要在超前＋提级应急响应的同时，启动应急联动，需要周边县（市、区）变电站的联动应急响应尤为关键。

7.3　本　章　小　结

本章构建了基于二维要素结构矩阵的变电站典型防汛运维模式，并深度剖析各防汛运维模式的主要特征。不同运维模式对应急能力的需求情况具有明显的差异性。

8 | 变电站洪涝灾害应急措施研究

前面章节研究表明，不同变电站的防汛风险水平不同，其应急能力现状水平存在较大差异，故各变电站应对洪涝灾害的能力水平也存在显著性差异。然而，有效的应急响应处置能够弥补自身应急能力方面存在的短板和不足，科学合理的应急响应措施是其有效应急响应处置的前提和关键。本章从突发事件应急响应的全流程理论出发，从预防与应急准备、应急监测与预警、应急响应与处置等阶段系统地提出变电站防汛应急响应措施，为变电站暴雨洪涝灾害的有效应对提供重要的理论参考。

8.1 变电站洪涝灾害应急处置措施

从工程、管理、技术、教育和应急五个方面提出变电站防汛应急响应措施，如表 8-1 所示。

表 8-1　　　　　　　　变电站防汛应急措施数据库

序号	应急响应阶段	应急措施	备注
1		预置防汛风险研判方法	管理
2		应急队伍及个人装备配备	管理
3		应急物资装备差异化配置	管理
4		预警响应过程及推演	管理、教育
5		信息报送流程及推演	管理、教育
6		应急处置过程及推演	管理、教育
7		应急专业技能培训	教育
8	预防与应急准备	大门更换为实体大门，并加装防汛挡板（按照历史最高水平标准）	工程
9		站区大门道路设置 0.7m 挡水坡，挡水坡上方增设 1.5m 防洪挡板，总高度 2.2m	工程
10		优化变电站进站道路走向	工程
11		变电站出入口设置排水沟	工程
12		加固围墙基础，提高围墙高度	工程

序号	应急响应阶段	应急措施	备注
13	预防与应急准备	增设防洪墙	工程
14		修筑防洪围堰	工程
15		站内建筑物防水：全部楼门处加装防汛挡板。高压室全部楼门处加装防汛挡板，挡板高度1.5m；屋面防水：变电站控制楼、设备间等出入口和控制楼、设备间的窗户、通风口、穿墙孔洞下沿处放置防洪沙袋	工程
16		增设泄水孔或应急排水口	工程
17		优化、畅通排水通道	工程
18		自动排水控制系统改造：排水泵加装自动启停	工程
19		站内挖集水井	工程
20		优化排水口设计	工程
21		建筑物外墙设防水墙	工程
22		增设防洪沙袋	工程
23		出入站电缆沟增设防水墙	工程
24		提升户外箱柜体标高	工程
25		户外箱柜体防水密封	工程
26		提高建筑物室内外高差	工程
27		电缆沟进站、进建筑物增设"三防墙"	工程
28		通风孔封堵或增设防汛挡板	技术
29		人员出入口设置防水挡板	技术
30		强排水装置改造	技术
31		增设排水泵	技术
32		建筑物楼门处增设防汛挡板	技术
33		更换老旧、受损设备	技术
34	应急监测与预警	增设防汛水位尺	技术
35		增设或更新水位监视系统	技术
36		增设或更新微气象监视系统	技术
37		提高防汛智能化水平	技术
38		拓宽变电站防汛风险信息的来源渠道：① 气象部门；② 政府防办或其他相关责任部门；③ 省、市级电力公司防办或相关部门；④ 微气象等在线监测系统；⑤ 现场值班人员反馈	管理

序号	应急响应阶段	应急措施	备注
39	应急监测与预警	按照《防汛应急预案》要求编辑防汛信息内容	应急
40		按照规范的防汛信息报送流程报送防汛突发事件预警信息	应急
41		按照规范的时间节点报送防汛突发事件预警信息	应急
42		与电网企业防办及相关成员单位沟通防汛相关信息	应急
43		与政府防办及相关成员单位沟通防汛相关信息	应急
44		采取应急值守、启用防汛挡板、构筑沙袋围堰、做好抽排/抢排准备等预警响应行动	应急
45	应急响应与处置	动态风险研判	应急
46		应急值守	应急
47		加密设备巡视和运行监视	应急
48		应急信息收集与报送	应急
49		快速抢修复电	应急
50		应急队伍调遣	应急
51		应急物资装备调配	应急
52		启用防汛挡板：启用变电站大门、控制楼、高压室、设备间等重要建筑物、构筑物出入口设置的防汛挡板	技术
53		构筑沙袋围堰	技术
54		站内积水抽排、强排	技术
55		疏通/封堵管路	技术
56		进行设备箱柜密封	技术
57		处置沉降塌陷区	技术
58		变电站主动停运	应急
59		紧急疏散、撤离、安置、隔离受威胁的人员	应急
60		制定应急救援方案	应急
61		请求上级单位和政府部门支援	应急

8.1.1 预防与应急准备阶段

(1) 预置防汛风险研判方法。结合省、市级电力公司防汛应急预案洪涝灾害风险分析与研判的标准，确立简易的防汛风险研判方法，通过防汛专题会议推介变电站洪涝灾害风险研判的简易方法。

(2) 应急队伍及个人装备配备。依照国网关于应急队伍及个人装备配备标准，结合变电站自身实际，确定其自身应急队伍及个人装备配备标准。

(3) 应急物资装备差异化配置。依照国网关于应急物资装备储备标准，结合变电站自身实际，确定其自身应急物资装配的差异化配置标准。变电站面临防汛风险水平不同，对应急能力的需求不同，应急能力的差异性导致了对应急物资装备需求的差异性，这最终导致各个变电站应急物资装备配备的差异性，以应对不同等级的洪涝灾害。

(4) 预警响应过程及推演。根据国家电网有限公司、国网省市级电力公司防汛应急预案的要求，梳理各变电站洪涝灾害预警响应过程，并通过桌面演练方法强化对此环节的认知。

(5) 信息报送流程及推演。根据国家电网有限公司、国网省市级电力公司防汛应急预案的要求，梳理各变电站洪涝灾害信息报送流程，并通过桌面演练方法强化对此环节的认知。

(6) 应急处置过程及推演。根据国家电网有限公司、国网省市级电力公司防汛应急预案的要求，梳理各变电站洪涝灾害应急处置过程，并通过桌面演练方法强化对此环节的认知。

(7) 应急专业技能培训。变电站洪涝灾害应急专业技能培训主要包括动态风险研判、应急信息报送、应急值守、安全运维保障、抢修复电、个人自救互救、人员疏散撤离等方面应急专业技能的针对性培训。

(8) 防汛大门技术要点。变电站大门宜采用实体大门（见图8-1），大门高度及结构应满足防汛要求，结合实际情况可增设阻水坡（见图8-2）。站区大门宜采用全封闭式防盗钢板门或轻型电动门，对不满足防洪要求的各类栅栏式大门实体化改造，无人值班变电站应设置实体大门，宜采用全封闭式防盗钢板门。站区大门应加装防水挡板，防汛挡板的高度不应低于历史最高水位。

图 8-1　防汛大门技术

图 8-2　防汛大门＋阻水坡

(9) 站区大门道路设置 0.7m 挡水坡，挡水坡上方增设 1.5m 防洪挡板，总高度 2.2m。

(10) 优化变电站进站道路走向。变电站进站道路走向、标高及坡度结合大件设备运输、给排水设施、站用外引电源、防排洪设施等站外配套设施应一并纳入变电站的总体规划。

图 8-3　变电站出入口排水沟

(11) 变电站出入口设置排水沟。出入口设置带有排水孔的混凝土排水沟，有效排出变电站周围雨水、融化雪水、地下水等积水，如图 8-3 所示。

(12) 加固围墙基础，提高围墙高度。对位于蓄滞洪区的变电站，非迎水面围墙采用侧向支护（板）墙形式进行加固（见图 8-4），避免洪水冲垮围墙基础；对于高度不符合防汛要求的围墙，增加围墙高度至 2.2～2.8m。

(13) 增设防洪墙。对位于蓄滞洪区的变电站，迎水面围墙设置为钢筋混凝土防洪墙，有效抵抗围墙外侧水压，如图 8-5 所示。

(14) 修筑防洪围堰。对于汛期可能超出变电站防洪标准的雨水时，在围墙前部修筑高于汛期最高水位 0.5m 的防洪围堰，如图 8-6 所示。

图 8-4　加固围墙

图 8-5　防洪墙技术

图 8-6　防洪围堰

图 8-7　紧急排水口

（15）**站内建筑物防水。**全部楼门处加装防汛挡板。高压室全部楼门处加装防汛挡板，挡板高度 1.5m；屋面防水；变电站控制楼、设备间等出入口和控制楼、设备间的窗户、通风口、穿墙孔洞下沿处放置防洪沙袋。

（16）**增设泄水孔或应急排水口。**对于内涝水位大于 0.15m 的自排站，应在高于地面 1m 处增设泄水孔或应急排水口（见图 8-7），有效排出积水，避免对墙体造成损坏。

（17）**优化排水通道。**排水管道应接入市政管网排水口，对于不满足排水要求的管道进行设计改造，确保排水通道畅通，如图 8-8 所示。

图 8-8　排水通道

（18）**自动排水控制系统改造。**自排水系统增设止逆阀，防止洪水倒灌，或排水泵加装自动启停。

（19）**站内挖集水井。**根据电缆沟长度和覆盖面积，在低谷处挖集水井，有效收集雨水和地下水，过滤水沙和杂物，避免电缆损坏。

（20）**优化排水口设计。**对于无法接入市政管网的排水口，优化排水方式，可设计为八字式出水口。

（21）**建筑物外墙设防水墙**。建筑物墙体不满足防汛要求的，在外侧设置防水墙，阻挡洪水侵蚀。

（22）**增设防洪沙袋**。变电站控制楼、设备间等出入口和控制楼、设备间的窗户、通风口、穿墙孔洞下沿处放置防洪沙袋。

（23）**出入站电缆沟增设防水墙**。站区电缆沟及隧道出口处设置防水墙，电缆孔洞做好封堵，避免洪水渗入电缆沟。

（24）**提升户外箱柜体标高**。提高户外端子箱、机构箱、电源箱、汇控柜、智能组件柜等基础高度（见图 8-9），使其满足高于历史最高水位 0.5m。

（25）**户外箱柜体防水密封**。户外端子箱、机构箱、电源箱、汇控柜、智能组件柜等采取防雨罩等防潮封堵措施，如图 8-10 所示。

图 8-9 端子箱关键水位等高线标识　　　　　图 8-10 端子箱密封

（26）**提高建筑物室内外高差**。对于建筑物室内外高差不符合防汛要求的，垫高室内建筑或修筑阻水坡提高室内外高差。

（27）**电缆沟进站、进建筑物增设"三防墙"**。对电缆沟进建筑物处增设 WCS 高分子材料"三防墙"，通过自流平可有效填充细小缝隙，预埋管口注入密封剂，加盖管帽，具有隔绝火、水、小动物功能，有效防止了因电缆沟积水导致向建筑物渗漏水，同时将盖板更换为透明盖板，便于及时观察电缆沟积水及墙体情况。

(28) 通风孔封堵或增设防汛挡板。对于低于室外 0.7m 的通风孔，使用符合安全的封堵材料，防止雨水进入，设备受潮受损。

(29) 人员出入口设置防汛挡板。有人员进出的位置，设置高度不低于 0.8m 的防汛挡板，并对挡板底端进行防水密封。

(30) 强排水装置改造。完成强排水装置改造，避免洪水倒灌。

(31) 增设排水泵。对于不满足排水泵"两主两配"要求的，增加排水泵数量。

(32) 建筑物楼门处增设防汛挡板。在变电站控制楼、设备间门口增加防水挡板，在设备间的通风孔增加防水挡板，如图 8-11 所示。

(33) 更换老旧、受损设备。对于老旧、受损、功能缺失的各类防汛装置进行维修或更换。

8.1.2 应急监测与预警阶段

(1) 增设防汛水位尺。变电站内重点部位设置水位尺（见图 8-12），帮助掌握明确重点部位水深高度。

图 8-11　防汛挡板　　　　　　　图 8-12　防汛水位尺

(2) 增设或更新水位监视系统。水位监视系统摄像头要具备云台控制功能（见图 8-13），同时具备夜视或补光功能。安装位置选择保证不受积水淹没、浸泡影响，摄像头转动不影响电缆设备。

图 8-13　水泵集控系统

（3）增设或更新微气象监视系统（见图 8-14）。工作站选址安装应选择较空旷位置或建筑物屋顶，防止因设备干扰或遮挡影响传感器工作。具备变电站内风速、风向、空气温度、空气湿度、雨量、雪量、空气颗粒物等数据的监视、调阅和存储功能。

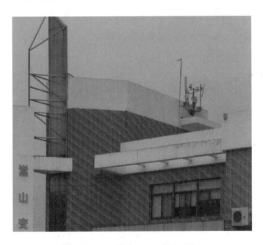

图 8-14　微气象监视系统

（4）提高防汛智能化水平（见图 8-15）。加大防汛智能化研究，大力推进新技术、新装备应用。利用设备构支架或墙体装设水位观测标尺或视频监控系统，满足远程视频监视需求。常见的智能化系统包括水泵远程集控系统、水位监视系统和微气象监视系统等。

图 8-15　变电站智能管理

（5）拓宽变电站防汛风险信息的来源渠道：气象部门；政府防办或其他相关责任部门；省、市级电力公司防办或相关部门；微气象等在线监测系统；现场值班人员反馈。

（6）按照《防汛应急预案》要求编辑防汛信息内容。变电站防汛突发事件预警信息的主要内容包括事件时间、地点、性质、影响范围、严重程度、趋势预测和已采取措施及其效果等；变电站防汛突发事件应急响应信息的主要内容包括事件时间、地点、性质、影响范围、严重程度、趋势预测、已采取措施及其效果以及事件相关报表等。

（7）按照规范的防汛信息报送流程报送防汛突发事件预警信息。变电站防汛突发事件预警信息报送的具体流程如图 8-16 所示。

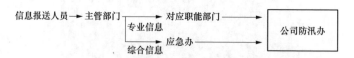

图 8-16　变电站防汛突发事件预警信息报送的流程

（8）按照规范的时间节点报送防汛突发事件预警信息。Ⅳ、Ⅲ级应急响应信息报送的时间节点为每日 18 时；Ⅱ级应急响应信息报送的时间节点为每日 8 时和 18 时；Ⅰ级应急响应信息报送的时间节点为每日 8 时、14 时和18 时。

（9）与电网企业防办及相关成员单位沟通。预警信息对内沟通的责任单位为电网企业防办。

(10) 与政府防办及相关成员单位沟通防汛相关信息。 预警信息与政府防办及相关成员单位沟通的责任单位为电网企业防办。

(11) 变电站预警响应行动措施。 主要包括应急值守、启用防汛挡板、构筑沙袋围堰、做好抽排/抢排准备等预警响应行动。

8.1.3 应急响应与处置阶段

(1) 动态风险研判。 动态收集变电站及其周边环境变化信息，组织开展变电站洪涝灾害动态风险研判。

(2) 应急值守。 根据《国家电网有限公司气象灾害应急预案》（SGCC-ZH-01-2023）、《国网河南省电力公司防汛应急预案（2023年修订版）》（豫电设备〔2023〕227号）要求，应急响应阶段应急值守的具体要求如下：① 运检部启动Ⅳ级、Ⅲ级应急响应时，安排值班人员24小时应急值班，其他人员24小时待命，加强设备巡视和运行监视，做好信息收集和上报工作；② 运检部启动Ⅱ级、Ⅰ级应急响应时，安排值班人员24小时应急值班，其他人员24小时到岗，加强设备巡视和运行监视，做好信息收集和上报工作。

(3) 加密设备巡视和运行监视。 明确受影响或可能受影响的重点设备清单，暴雨洪涝灾害期间，加密重点设备巡视和运行监视。

(4) 应急信息收集与报送。 动态收集降水量信息、变电站及其周边水位特征信息、变电站周围居民小区被淹信息等重要信息，组织开展变电站洪涝灾害及其损害情况的动态风险研判，按照如下规定报送洪涝灾害实时动态风险变化信息：① 启动Ⅳ级、Ⅲ级应急响应时，每日17:30上报至变电工区，每日18:00变电工区负责人向市局防汛领导小组报告安全运维保障工作动态；② 启动Ⅱ级应急响应时，每日7:30、17:30上报至变电工区，每日8:00、18:00变电工区负责人向市局防汛领导小组报告安全运维保障工作动态；③ 启动Ⅰ级应急响应时，每日7:30、13:30、17:30上报至变电工区，每日8:00、14:00、18:00变电工区负责人向市局防汛领导小组报告安全运维保障工作动态。

(5) 快速抢修复电。 针对停运变电站，制定变电站抢修复电方案，开展快速抢修复电工作。

(6) 应急队伍调遣。 按照防汛应急预案要求，调遣应急队伍开展变电站洪涝灾害应急处置工作。必要时，调动周边县（市、区）变电站应急队伍或申请上级电网公司专业应急队伍支援，开展洪涝灾害应急处置工作。

（7）应急物资装备调配。 按照防汛应急预案要求，调配应急物资装备开展变电站洪涝灾害应急处置工作。必要时，调配周边县（市、区）变电站应急物资装备或申请上级电网公司应急物资装备支持，开展洪涝灾害应急处置工作。

（8）启用防汛挡板。 启用变电站大门、控制楼、高压室、设备间等重要建筑物、构筑物出入口设置的防汛挡板。

（9）构筑沙袋围堰。 必要时，在变电站大门、控制楼、高压室、设备间等重要建筑物、构筑物出入口位置构筑沙袋围堰，防汛沙袋沙子来源于防汛沙箱（见图 8-17）。围堰高度宜按高于汛期可能的最高临水面水位加 0.5m 计算。围堰基础的埋深宜不小于 0.5m，且不小于冲刷线以下 0.5m。回填土压实系数不小于 0.94。麻袋围堰迎水面的边坡不宜陡于 1：2（竖横比）。充填袋应采用透水性和保土性较好的土工布。

图 8-17　防汛沙箱

（10）站内积水抽排、强排。 针对站内积水，利用站内固定式排水泵、移动式排水泵或小白龙（见图 8-18）等设备进行抽排、强排，以保证站内积水能够及时排出，避免站区范围内产生严重内涝。

（11）疏通/封堵管路。 疏通站区洪涝灾害导致排水管路堵塞，封堵进站管路，避免站外洪水倒灌进入站内。

（12）进行设备箱柜密封。 针对重点设备进行密封处理，防止洪水灌入妨害设备正常运行。

图 8-18　小白龙应急排水方舱

（13）处置沉降塌陷区。地基沉降塌陷易导致排水沟堵塞，积水无法排出渗入地下导致地基不稳，损坏设备，需对地基基础进行加固处理。

（14）变电站主动停运。当洪水水位威胁变电站正常运行时，变电站应主动停运以保障暴雨洪涝灾害期间站区及周边环境的汛期安全。如 2021 年暴雨灾害期间全省变电站因灾停运的变电站有嵩山变电站、衡山变电站和农科变电站等 45 座变电站。

（15）紧急疏散、撤离、安置、隔离受威胁的人员。当发生严重洪涝灾害时，需要启动防汛Ⅰ级、Ⅱ级应急响应时，需要协助政府或组织变电站运维人员、周边居民开展紧急疏散、撤离、安置和隔离工作，以最大程度上减少洪涝灾害造成伤亡事件的发生。

（16）制定应急救援方案。当省、市、县三级电网公司启动防汛应急响应时，变电站负责人及相关人员应参与临时供电保障方案、抢修复电方案、应急救援方案等的制定。

（17）请求上级单位和政府部门支援。当预判自身无法应对洪涝灾害时，需要向上级单位和属地政府及相关部门请求支援。

8.2　变电站应急措施特征分析

（1）预防与应急准备阶段包含了管理、工程、教育和技术措施，主要从变电站防汛基础设施的改进、应急资源的准备、应急响应过程与技能训练等。其中，工程措施主要包括更换实体大门、优化进站道路走向、设置排水沟、加固围墙、提高围墙高度、挖集水井、增设防水墙、提升户外箱柜标高等。

（2）监测与预警阶段的变电站防汛应急措施主要集中在技术和应急手段。其中技术手段主要包括增设防汛水位尺、增设或更新水位监视系统、增设或更新微气象监视系统等；应急手段主要包括规范信息报送内容、报送流程和时间节点以及加强与电网内部外部信息沟通等方面。

（3）应急响应与处置阶段主要以应急和技术手段为主。变电站洪涝灾害应急处置措施主要集中在先期处置、信息报送和疏散撤离三个方面。其中应急措施主要包括动态风险研判、加强应急值守、加密设备巡视和运行监视、应急信息的收集与报送、快速抢修复电、应急队伍调遣、应急物资装备配送、变电站主动停训、紧急疏散、撤离、安置、隔离受威胁的人员、制定应急救援方案和请求上级单位和政府部门支援等；技术措施主要包括启用防汛挡板、构筑沙袋围堰、站内积水抽排强排、疏通/封堵管路、设备箱柜密封、处置沉降塌陷区等。

8.3 本 章 小 结

本章从预防与应急准备、应急监测与预警、应急响应与处置三个阶段提出了变电站洪涝灾害的 61 项应急处置措施。其中，预防与应急准备阶段包含 33 项应急措施，应急监测与预警阶段包含 11 项应急措施，应急响应与处置包含 17 项应急措施。

9 变电站洪涝灾害应急处置方案的编制及动态优化研究

前面章节研究表明，变电站防汛风险水平不同，对其应急能力水平的需求不同，而特定时间范围内不同变电站应急能力现状水平是相对固定的，应急能力的需求值与应急能力现状值之间的差值是变电站洪涝灾害应急能力建设的根本方向。现实中，不同变电站的风险水平和防汛应急能力现状水平呈现出显著的差异性，风险水平——应急能力现状水平二维要素决定了不同变电站的防汛运维模式，故不同防汛运维模式变电站对洪涝灾害的应急处置方案存在显著差异性。因此，在建立应急处置要素与风险水平、应急能力现状水平之间的作用关系模型的基础上，本著作提出变电站差异化防汛应急处置方案的通用形成过程，建立"要素对应措施，模式对应方案"的变电站防汛应急处置方案形成的原则，建立变电站典型洪涝灾害应急处置方案，并提出洪涝灾害应急处置方案动态优化的方法。

9.1 差异化应急处置的基本原理

9.1.1 对应关系建立的基本原则

差异化应急处置对应关系如图 9-1 所示，其建立的基本原则为：

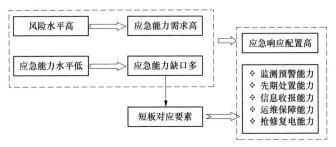

图 9-1 对应关系的建立

（1）变电站防汛风险水平越高，对其应急能力的需求值越高，应急响应措施或方案的配置也应该越高。

（2）变电站防汛突发事件应急能力现状水平越低，应急能力的缺口越多，暴露的应急响应短板越多。

（3）应急响应配置要素可以从监测预警能力、先期处置能力、信息收集与报送能力、安全运维保障能力和抢修复电能力五个方面着手。

（4）应急处置要素的重点在于解决应急处置中的短板和不足，故应急处置要素主要依靠应急处置措施支撑；若干要素可以组成不同的应急处置模块，能够实现变电站应急处置的特定功能；若干应急处置功能组成差异化应急处置方案，能够实现不同运维模式变电站洪涝灾害的差异化应急处置。因此，变电站差异化应急处置的基本原则为"要素对应行动，模块对应功能，模式对应方案"。

9.1.2 差异化应急处置方案形成的基本原理

差异化应急处置方案形成的基本原理如图 9-2 所示，主要包括：

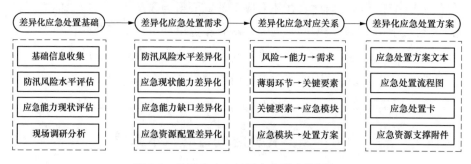

图 9-2 差异化应急处置方案形成的原理

（1）差异化应急处置方案形成的基础是变电站防汛风险水平评估和应急能力现状评估，防汛风险水平和应急能力现状水平二维要素决定了其特定的应急处置模式，应急处置模式的建立是差异化应急处置方案形成的前提和基础。

（2）差异化应急处置模式要求各变电站在防汛风险水平、应急能力现状水平、应急能力缺口值和应急资源配置等方面体现出差异性。

（3）差异化应急处置的对应关系：一是不同的防汛风险水平驱动了不同变电站对应急能力的需求，防汛风险水平和应急能力现状水平决定了其应急处置模式的建立；二是差异化应急处置模式包含了不同应急处置功能模块，不同的功能模块由不同的应急处置要素组成；三是通过风险评估和应急能力评估，诊断出不同变电站应急能力方面存在的短板和不足，应急能力的短板和不足是提炼应急处置关键要素的前提和基础，关键应急处置要素是形成应急处置模块的核心和关键，不同的应急处置模块组合成应急处置方案。

（4）差异化应急处置方案主要包括应急处置方案文本、应急处置流程图、应急处置卡和应急资源支撑附件。

9.2　变电站防汛应急处置的一般过程

变电站的防汛应急处置的一般过程包括应急信息的接收、研判与响应启动阶段、预警响应阶段、先期处置阶段、安全运维保障阶段、抢修复电阶段和应急响应结束六个阶段，如图9-3所示。

（1）应急信息的接收、研判与响应启动阶段。

1）应急信息接收渠道主要包括：①气象、水利部门的预报、预警信息；②政府防办及相关部门发布的预警、应急响应信息；③公司上级部门启动响应信息；④通过微气象、舞动、线路覆冰等在线监测装置获取的应急信息。

2）应急信息研判。通过专题研判，预测预判变电站防汛风险信息。

3）由运维班组组长启动响应。

（2）预警响应阶段。

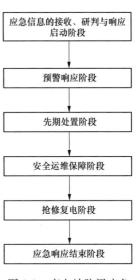

图9-3　变电站防汛应急处置的通用流程图

1）应急值守：根据防汛应急预案要求，安排专人应急值守。

2）加密安全隐患风险排查：对变电站设备设施以及主要薄弱环节进行加密安全隐患风险排查，并按照规定及时上报公司各专业管理部门和防汛办。

3）应急信息报送：按照相关防汛应急预案的频次、时间、内容要求，将应急值守过程中的风险信息、安全隐患风险巡查信息按照规定及时上报。

4）预置应急资源：预置变电站及周边的应急队伍和应急物资装备，以便随时开展应急响应。必要时向上级主管部门或公司防办申请调配应急资源。

5）采取预警响应行动。变电站出现或即将出现洪涝灾害时，可采取表8-1的数据库罗列的一种或多种预警期措施。

（3）先期处置阶段。按照"阻来水、排积水、防渗水"原则，采取必要的应急处置措施。

1）第一道防线"阻来水"提升措施：进站道路技术、排水沟技术、大门技术、防汛挡板技术、围堰技术、防洪墙技术等。

2）第二道防线"排积水"提升措施：排水泵技术、泄水孔技术、排水通道技术、排水设备、防汛物资差异化配置技术等。

3）第三道防线"防渗水"提升措施：窗户、通风口、孔洞改造提升技术、防鼠防汛挡板技术、气密性挡水防火墙（三防墙）技术、户外"三箱"、汇控柜、智能组件柜提升技术等。

（4）安全运维保障阶段。

1）安排专人 24 小时值守。

2）风险信息的动态收集、研判与报送。

3）调遣应急队伍，调配物资装备，编制应急资源需求清单。

4）参与《变电站安全运维保障技术方案》的制定及实施。

5）安全运维保障动态信息的收报。

6）按照指令开展应急响应。

（5）抢修复电阶段。

1）安排专人 24 小时值守。

2）风险信息的动态收集、研判与报送。

3）调遣应急队伍，调配物资装备，编制应急资源需求清单。

4）参与《变电站抢修复电技术方案》的制定及实施。

5）抢修复电动态信息的收报。

6）按照指令开展应急响应。

（6）应急响应结束阶段。按照防汛应急预案规定的指令结束应急响应。

9.3 差异化应急处置方案的形成过程

差异化应急处置方案的形成过程如图 9-4 所示，其主要步骤包括：

第一步：风险评估和应急能力评估。按照 3.1.2 和 5.1.2 研究方法全面开展变电站防汛综合风险评估和应急能力现状评估。

第二步：风险类型分析。根据特征提取与会商研判，确定变电站的风险类型。常见的风险类型包括暴雨暴露类型、老旧站型、河道附近或蓄滞洪

区、地势低洼或地下站型、城市中
心站型、枢纽站型、山洪泥石流隐
患胁迫型和韧性缺陷型等八种类型
的变电站。

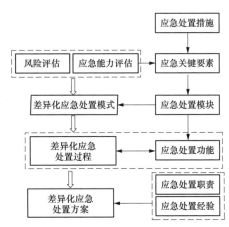

图 9-4 差异化应急处置方案的形成过程

第三步：应急处置对应性分析。
变电站洪涝灾害应急处置要素诊断
分析，开展应急处置要素与应急处
置措施的对应性分析，建立应急处
置要素与应急处置措施之间的对应
关系。

第四步：二维要素结构矩阵的
构建。按照 7.1.2 和 7.2 方法与原理，构建二维要素结构矩阵。

第五步：应急处置模式的构建。提炼变电站八种典型的应急处置模式，
通过特征分析、要素提取、对应分析与归纳总结，提出我国变电站洪涝灾害
应急处置的三种典型模式：①高—弱（应急能力水平为较强、中等和弱）结
构：超前＋提级＋联合应急响应处置方案；②较高→高风险过渡（较高—
弱、高—强）结构：超前＋提级应急响应处置方案；③较高—较强（中等）
结构：超前应急响应处置方案。

第六步：应急处置模式的功能分析。通过机理分析、逻辑推理和对应分
析，剖析不同应急处置模式的功能需求，将差异化应急处置方案分解为若干
应急处置模块。我国变电站的通用应急处置模块包含风险分析、应急保障、
先期处置、信息报送和疏散转移等。

第七步：应急处置模块的要素分析。耦合变电站的防汛应急职责、洪涝
灾害应急处置经验和应急能力现状评估结果，分析目标变电站各应急处置模
块的关键应急处置要素构成。

第八步：应急处置要素与应急处置措施的对应性分析。应急处置要素的
落地实施依靠具体应急处置措施的实施，通过对应性分析，确定关键应急处
置要素应采取的应急处置措施。

第九步：编写目标变电站的应急处置方案，参照变电站洪涝灾害应急措
施需求分析表，见表 9-1。

表 9-1　变电站洪涝灾害应急措施需求分析表

二维要素作用关系模式	风险类型	应急措施需求
1. 风险驱动能力需求增长模式：超前应对 2. 高风险水平—强能力模式：超前＋提级应急 3. 高风险水平—低应急能力模式：超前＋提级＋联合应急	暴雨暴露类型	**预防与应急准备：** 大门更换为实体大门并加装防汛挡板、站区道路设置挡水坡、设置排水沟、围墙基础加固加高、增设防洪堤、修筑防洪墙、站内挖集水井、建筑物外墙防水、增设泄水孔或应急排水道、畅通排水通道、站内挖防水井、建筑物外墙防水处理、提升户外箱体标高、户外箱柜体防水密封处理、通风孔封堵或增设防汛挡板、增设排水泵、强制排水装置改造 **应急监测与预警：** 增设防汛水位尺、增设水位监视系统、增设或更新微气象监视系统、防汛风险信息的收集与报送、预警响应行动措施（应急值守、加密设备巡视和运行监视、应急物资装备调配、泄水孔或应急排水通道、启用防汛挡板、防汛沙袋预置、增设畅通排水管、做好抽排增强排水准备等的采取 **响应与处置：** 动态风险研判、应急值守、加密设备巡视和运行监视、应急信息的收集与报送、应急队伍值守、应急物资装备调配、构筑沙袋围堰、设备箱柜密封、站内积水抽排、强排、处置沉降塌陷区、变电站主动停运、疏通封堵管路、紧急疏散、安置、隔离受威胁的人员、制定应急救援方案、请求支援

阻水：大门技术、防洪墙技术、排水沟技术、围墙技术、进站道路技术、防水挡板技术、围堰技术

排积水：排水泵技术、泄水孔技术、排水通道技术、排水设备、防汛物资差异化配置技术

防渗水：窗户通风口/孔洞防渗水：防鼠防汛挡板技术、气密性挡水防火墙改造提升技术、户外"三防墙"（三防墙）技术、户外"三防"/汇控柜/智能组件柜提升技术

续表

二维要素作用关系模式	风险类型	应急措施需求
1. 风险驱动能力需求增长模式：超前应急 2. 高风险水平一强能力需求模式：超前＋提级应急 3. 高风险水平一低应急能力表现模式：超前＋联合应急提级	老旧站型	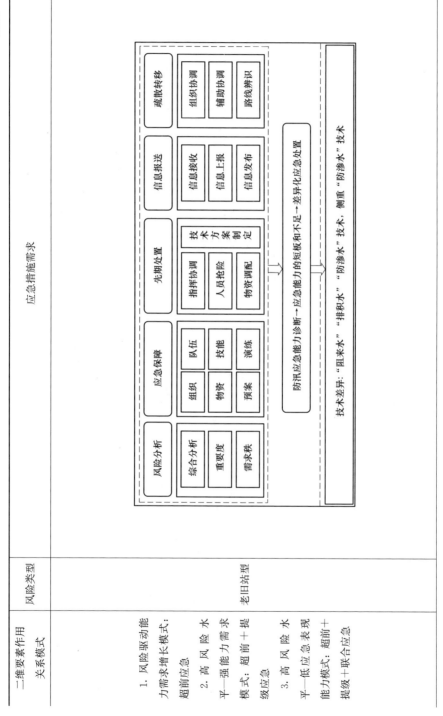

风险分析 综合分析／重要度／需求秩

应急保障 组织／队伍／物资／技能／预案／演练

先期处置 指挥协调／人员抢险／物资调配／技术方案制定

信息报送 信息接收／信息上报／信息发布

疏散转移 组织协调／辅助协调／路线辨识

防汛应急能力诊断→应急能力的短板和不足→差异化应急处置

技术差异："阻来水""排积水""防渗水"技术，侧重"防渗水"技术

续表

二维要素作用关系模式	风险类型	应急措施需求
1. 风险驱动能力需求增长模式：超前应急 2. 高风险—强能力需求模式：超前＋提级应急 3. 高风险—低应急能力表现模式：超前＋提级＋联合应急	河道附近或蓄滞洪区	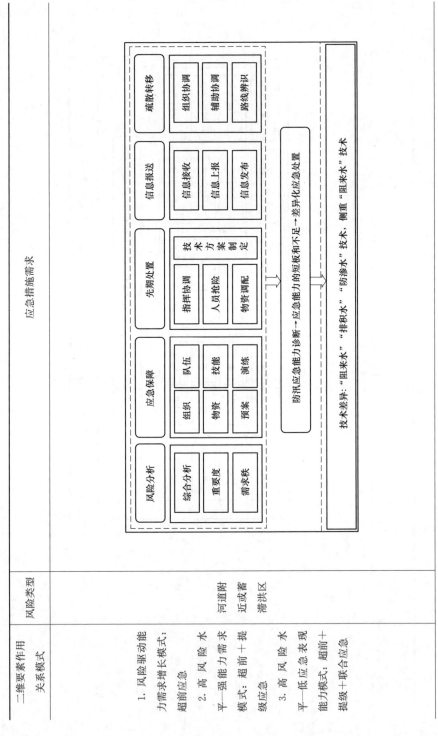

续表

二维要素作用关系模式	风险类型	应急措施需求
1. 风险驱动能力需求增长模式：超前应急 2. 高风险水平-强能力需求模式：超前+提级应急 3. 高风险水平-低应急能力表现模式：超前+联级应急	地势低洼或地下站型	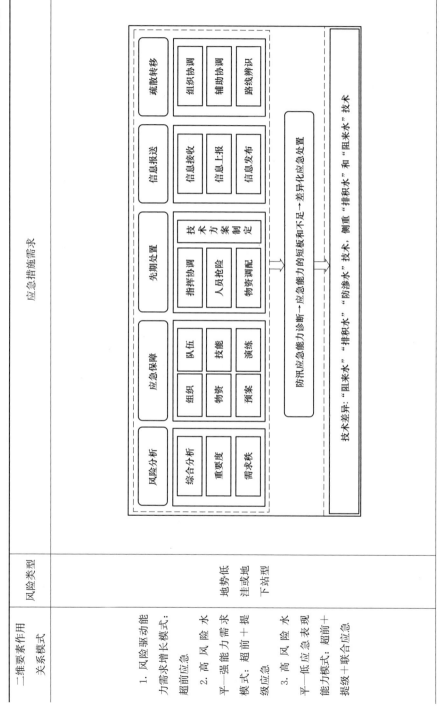

防汛应急能力诊断→应急能力的短板和不足→差异化应急处置

技术差异："阻来水""排积水""防渗水"技术，侧重"排积水"技术和"阻来水"技术

续表

二维要素作用关系模式	风险类型	应急措施需求
1. 风险驱动能力需求增长模式：超前应急 2. 高风险水—强能力需求模式：超前＋提级应急 3. 高风险水—低能力应急表现模式：超前＋提级＋联合应急	城市中心枢纽型	<p>风险分析：综合分析、重要度、需求秩</p><p>应急保障：组织队伍、物资技能、预案演练</p><p>先期处置：指挥协调、人员抢险、物资调配、技术方案制定</p><p>信息报送：信息接收、信息上报、信息发布</p><p>疏散转移：组织协调、辅助协调、路线辨识</p><p>防汛应急能力诊断→应急能力的短板和不足→差异化应急处置</p><p>技术差异："阻来水""排积水""防渗水"技术，三者并重，强化先期处置、信息报送和疏散转移</p>

续表

二维要素作用关系模式	风险类型	应急措施需求
1. 风险驱动能力需求增长模式：超前应急 2. 高风险需求提升模式：超前+能力提级应急 平—强应急模式：超前+能力提级应急 3. 高风险应急表现 平—低应急模式：超前+能力提级+联合应急	枢纽站型	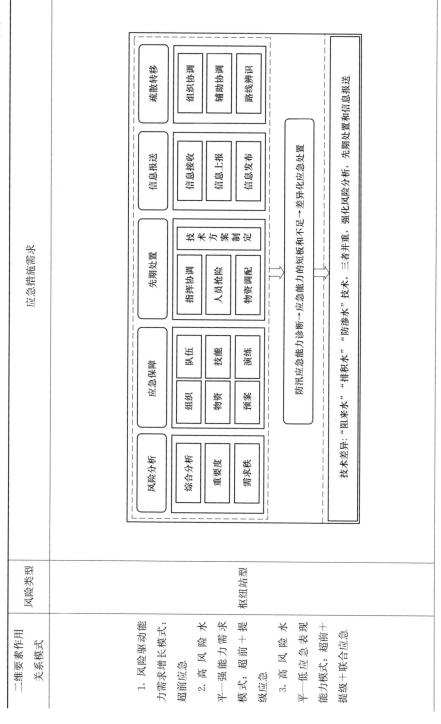

续表

二维要素作用关系模式	风险类型	应急措施需求
1. 风险驱动能力需求增长模式：超前应急 2. 高风险水平—强能力模式：超前+提级应急 3. 高风险水平—低能力表现模式：超前+联合应急提级	山洪泥石流隐患迫型	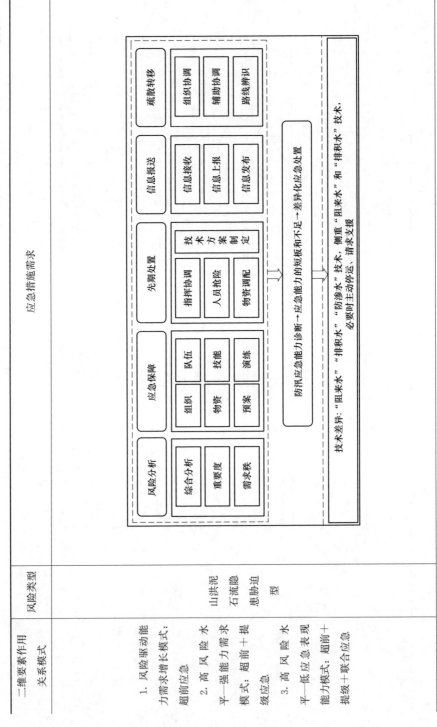

续表

二维要素作用关系模式	风险类型	应急措施需求
1. 风险驱动能力需求增长模式：超前应急 2. 高风险水平—强能力需求模式：超前+提级应急 3. 高风险水平—低应急能力表现模式：超前+提级+联合应急	韧性缺陷型	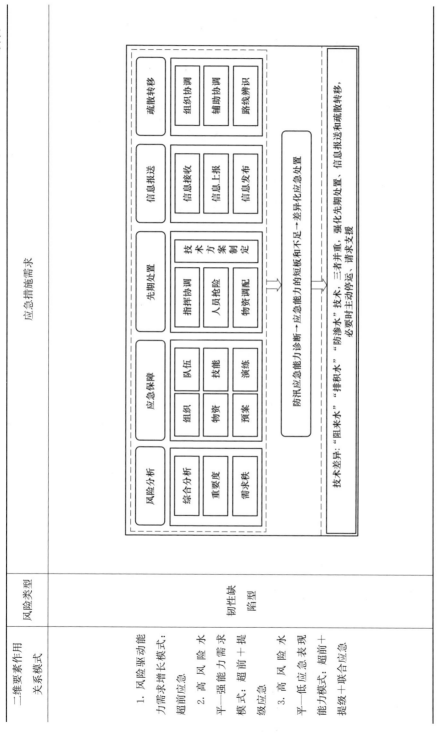

9.4 应急处置方案编制的实例研究

9.4.1 应急处置方案需求分析

本著作选取河南省 A 变电站为研究对象，对变电站洪涝灾害应急处置方案的编制过程进行实例研究。

A 变电站应急措施需求分析表见表 9-2。河南省 A 变电站防汛综合风险评价结果为较高，应急能力综合评估结果为中等，洪涝灾害应急处置模式为超前＋提级应急处置模式。超前应急时间为 6h，提级应急的标准为按照市供电公司应急预案规定高一级别应急响应标准开展应急处置工作：即Ⅳ级提为Ⅲ级、Ⅲ级提为Ⅱ级、Ⅱ级提为Ⅰ级。应急处置措施方面：采用"阻来水"技术、"排积水"技术、"防渗水"技术并重模式，并在如下方面强化应急处置措施：①对设备、渗漏水及电缆沟水位、防汛设施运行工况加密巡检；②窗户/通风口/孔洞封堵，挡水防火墙气密性强化；③防汛挡板加高，防汛沙袋预置；④加装排水装置；⑤强化强化先期处置、信息报送和疏散转移。

表 9-2　　　　　　　　　　　A 变电站应急措施需求分析表

风险水平	应急能力水平	二维要素结构——应急处置模式	风险类型	应急处置措施
较高	中等	较高—中等：超前＋提级应急模式	暴雨暴露型、老旧站型、地势低洼型、城市中心站型	基础措施："阻来水"技术、"排积水"技术、"防渗水"技术。 强化措施：①对设备、渗漏水及电缆沟水位、防汛设施运行工况加密巡检；②窗户/通风口/孔洞封堵，挡水防火墙气密性强化；③防汛挡板加高，防汛沙袋预置；④加装排水装置；⑤强化先期处置、信息报送和疏散转移

9.4.2 洪涝灾害应急处置过程

A 变电站洪涝灾害的应急处置流程如图 9-5 所示，主要包括应急信息收集、应急信息研判、超前应急响应、接收上级响应启动指令、分级应急响应、提级应急响应和应急响应结束。

9.4.3 洪涝灾害应急处置卡

A 变电站洪涝灾害应急处置卡见表 9-3。

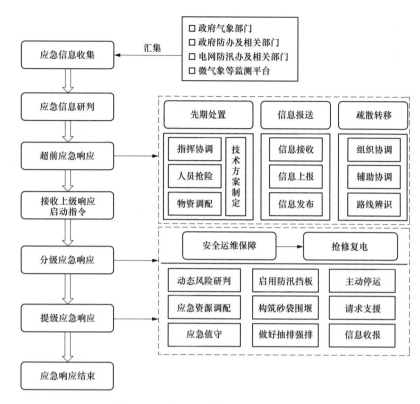

图 9-5 A 变电站洪涝灾害应急处置流程

表 9-3 **A 变电站洪涝灾害应急处置卡**

编号		BDZYJ-01
角色		现场总指挥
职务		变电站运维班组负责人
序号	阶段	具体应急措施
0101	应急信息的接收、研判与应急响应启动	（1）收到公司运检部（防汛办）下发的应急响应启动通知，运维班组负责人组织开展如下具体工作： 1）变电站防汛信息的收集：通过政府气象部门、公司应急办或防汛办、微气象监测系统、视频监控系统、现场巡检人员等途径收集变电站洪涝灾害风险相关信息； 2）变电站防汛信息的核实：安排值班人员立即赶赴被淹或可能被淹变电站核实洪涝灾害的风险情况以及周边环境情况； 3）核实信息的上报：将变电站基本信息、历史受灾信息以及现场核实信息上报给变电工区 （2）接收并执行防汛应急响应的指令

编号		BDZYJ-01
角色		现场总指挥
职务		变电站运维班组负责人
序号	阶段	具体应急措施
0102	安全运维保障阶段	（3）动态风险研判：动态收集变电站及其周边环境变化信息，组织开展变电站洪涝灾害动态风险研判
		（4）应急值守： 1）运检部启动Ⅳ级、Ⅲ级应急响应时，安排值班人员24小时应急值班，其他人员24小时待命，加强设备巡视和运行监视，做好信息收集和上报工作。 2）运检部启动Ⅱ级、Ⅰ级应急响应时，安排值班人员24小时应急值班，其他人员24小时到岗，加强设备巡视和运行监视，做好信息收集和上报工作
		（5）实施安全运维保障措施： 1）启用防汛挡板。启用变电站大门、控制楼、高压室、设备间等重要建筑物、构筑物出入口设置的防汛挡板。 2）构筑沙袋围堰。变电站控制楼、设备间等出入口和控制楼、设备间的窗户、通风口、穿墙孔洞下沿处放置防洪沙袋，构筑沙袋围堰，提升阻水能力。 3）做好抽排、强排工作。调试好固定式排水泵、移动式排水泵和小白龙等大功率排水泵等排水装置，一旦站内积水，全力做好抽排、强排工作。 4）参与制定《变电站安全运维保障技术方案》，并负责方案具体实施
		（6）确定应急队伍和物资装备需求清单
		（7）安全运维保障动态信息报送至变电工区，并由工区报送至市供电公司防汛办： 1）启动Ⅳ级、Ⅲ级应急响应时，每日17:30上报至变电工区，每日18:00变电工区负责人向市局防汛领导小组报告安全运维保障工作动态。 2）启动Ⅱ级应急响应时，每日7:30、17:30上报至变电工区，每日8:00、18:00变电工区负责人向市局防汛领导小组报告安全运维保障工作动态。 3）启动Ⅰ级应急响应时，每日7:30、13:30、17:30上报至变电工区，每日8:00、14:00、18:00变电工区负责人向市局防汛领导小组报告安全运维保障工作动态
0103	应急保障、抢修复电阶段	（8）变电站被淹动态信息研判：动态收集降水量信息、变电站及其周边水位特征信息、变电站周围居民小区被淹信息等重要信息，组织开展变电站洪涝灾害及其损害情况的动态风险研判
		（9）应急资源调配：按照支撑材料清单调遣被淹变电站及其周边抢险救援队伍，协调变电工区可调用的应急物资装备。当变电管理所应急资源不足时，向市供电公司请求支援，协调调用市供电公司可调用的应急资源
		（10）实施抢修复电技术措施： 1）沙袋围堰的增高。根据变电站内水位变化情况，适时抬高沙袋围堰的高度，以保障变电站重点部位安全。

续表

编号		BDZYJ-01
角色		现场总指挥
职务		变电站运维班组负责人
序号	阶段	具体应急措施
0103	应急保障、抢修复电阶段	2）强化抽排、强排工作。变电站进水时，调用站内所有的排水设施对站内积水进行强排，以保障变电站关键设备设施安全运行。如果站内抽排设施不足时，可向高一级工区或当地政府防办申请调用周边变电站的排水设施，以保障站内积水抽排工作的顺利进行。 3）变电站主动停运。洪涝灾害发生规模较大，且短时间内无法抽排站内积水保证变电站正常运维时，可采取主动停运措施，以保障变电站洪涝灾害发生期间的安全。 4）请求支援。通过会商研判，变电站乃至市级变电工区不能独立完成抢修复电工作的，可以向省电力公司变电工区或向当地政府请求支援，以保证抢修复电工作的顺利进行。 5）参与制定《变电站抢修复电技术方案》，并负责方案具体实施
		（11）人员疏散撤离：突发重特大险情或者通过自身努力无法排除险情时，由变电站运维值班人员负责疏散站内人员以及周边可能受到威胁的居民。必要时，通知属地政府防汛抗旱指挥部办公室，由属地政府负责变电站及其周边居民的转移、疏散和撤离工作
		（12）抢修复电动态信息报送至变电工区，并由工区报送至市供电公司防汛办： 1）启动Ⅳ级、Ⅲ级应急响应时，每日 17:30 上报至变电工区，每日 18:00 变电工区负责人向市局防汛领导小组报告抢修复电工作动态。 2）启动Ⅱ级应急响应时，每日 7:30、17:30 上报至变电工区，每日 8:00、18:00 变电工区负责人向市局防汛领导小组报告抢修复电工作动态。 3）启动Ⅰ级应急响应时，每日 7:30、13:30、17:30 上报至变电工区，每日 8:00、14:00、18:00 变电工区负责人向市局防汛领导小组报告抢修复电工作动态
0104	响应结束阶段	（13）接收指令，结束应急响应
		（14）安排变电站洪涝灾害的调查与评估工作
		（15）安排专人负责洪涝灾害应急响应处置的总结与评估工作

注 支撑材料清单包括 A 变电站应急人员通讯录、应急队伍清单和应急物资装备清单等。

9.5 本 章 小 结

本章建立了变电站差异化应急处置的基本原则，即"要素对应行动，模块对应功能，模式对应方案"。建立了差异化应急处置方案形成的基本原理。

编制变电站防汛应急处置的一般过程,规范了差异化应急处置方案的形成过程。选取河南省 A 变电站为研究对象,对变电站洪涝灾害应急处置方案的编制过程进行实例研究,形成了 A 变电站应急措施需求分析表、洪涝灾害应急处置过程和洪涝灾害应急处置卡等物化成果。

附录A

变电站应急处置要素测量点调查问卷

各位领导、工友好！非常感谢您百忙之中接受问卷调查，本次调查是为了诊断变电站防汛应急能力现状水平而开展的基础性调研工作，您的回答对于提升变电站的应急能力水平非常重要。此外，本轮问卷调查是匿名的，我们将对受访者的调查问卷结果严格保密，再次感谢您接受本次问卷调查，祝您身体健康，工作顺利！

J 基础信息采集

J1. 您的性别（　　　）。

　　A. 男　　B. 女

J2. 您的年龄为（　　　）。

　　A. 小于 25 周岁　　B. 26～35 周岁

　　C. 36～45 周岁　　D. 45 周岁及其以上

J3. 您的工龄为（　　　）。

　　A. 小于 3 年　　B. 3～7 年　　C. 7～15 年

　　D. 15～25 年　　E. 25 年及其以上

J4. 您的学历情况为（　　　）。

　　A. 中学及其以下　　B. 大专学历

　　C. 大学本科　　　　D. 研究生及其以上

一、应急保障模块测量点

1. 是否为无人值守变电站?（　　　）

　　A. 是　　B. 否

附加：如果测量点 1 回答为 A，则需要补充回答：负责该变电站运维班组办公地点与其之间的距离_____ km。

2. 是否成立专门的防汛应急救援队伍?（　　　）

　　A. 是　　B. 否

附加：　如果测量点2回答为A，则需要补充回答：

（1）防汛应急救援队伍的人数_____人。

（2）防汛应急救援队伍成员对应急救援技能的掌握情况（　　　）。

　　A. 完全掌握并能运用　　B. 较好掌握　　C. 基本掌握

　　D. 掌握情况较差　　　　E. 完全不了解

（3）您认为变电站防汛应急救援队伍应该具备的核心救援能力包括_____（可多选）。

　　A. 变电站安全运维能力　　B. 抽排水、强排水能力

　　C. 增设围堰能力　　　　　D. 疏通站内外排水通道能力

　　E. 提高围墙、站内建筑物（包括变电站控制楼、设备间等出入口以及窗户、通风口、穿墙孔洞下沿）阻水能力

　　F. 孔洞封堵能力

　　G. 疏散、撤离、安置、隔离受到威胁的人员能力

（4）您认为变电站防汛应急救援人员的优秀抢险救援素质主要体现在_____（可多选）。

　　A. 目标明确，态度端正

　　B. 不计后果的牺牲精神，未参加过任何防汛应急抢险救援或相关应急演练，做事情冒险蛮干

　　C. 有奉献精神，做事情遵照科学，依法依规，讲究方式方法

　　D. 参与过防汛应急抢险救援或防汛应急救援演练且表现良好

　　E. 应急救援以自我为中心，其他人均应该服从于自我的自信心

　　F. 有大局观念，做事情深思熟虑，讲究相互协作配合，以救援受困人员为己任，全心全意投入应急救援任务中

3. 变电站运维人员岗位素质情况（　　　）。

　　A. 非常好　　B. 较好　　C. 一般　　D. 较差　　E. 非常差

附加：　请根据您最近一次测评结果补充回答如下问题：

（1）您最近一次岗位技能测试的分数区间是（　　　）。

　　A. 低于80分　　B. 80～89分　　C. 90～95分　　D. 95分以上

（2）您最近一次安规测试的分数区间是（　　　）。

　　A. 低于 80 分　　　B. 80～89 分　　　C. 90～95 分　　　D. 95 分以上

4. 变电站运维人员应急自救互救技能应该包括_____（可多选）。

　　A. 抢险救援能力　　　B. 疏散撤离能力　　　C. 医疗急救能力

　　D. 心肺复苏技能　　　E. 信息沟通能力　　　F. 其他能力_____

5. 根据防汛应急预案的要求，变电站运维人员应该采取的预警响应行动主要包括_____（可多选）。

　　A. 应急值守　　　B. 突发事件信息收集

　　C. 与政府及相关部门沟通

　　D. 应急队伍调遣，应急物资装备调配　　　E. 信息报送

　　F. 新闻宣传与舆论引导　　　G. 向重要用户、小区等发送预警通知单

　　H. 快速复电　　　I. 重要用户保供电

6. 根据防汛应急预案的要求，变电站运维人员应该采取的应急响应行动主要包括_____（可多选）。

　　A. 应急指挥协调　　　B. 应急值守

　　C. 加强变电设备巡视和运行监视

　　D. 组织快速复电　　　E. 协助快速复电

　　F. 定时报告站区及其风险动态

　　G. 跟踪事件发展动态，开展风险研判

　　H. 与政府及相关部门沟通

　　I. 应急队伍调遣，应急物资装备调配　　　J. 新闻宣传与舆论引导

　　K. 向重要用户、小区等发送预警通知单　　　L. 重要用户保供电

　　M. 成立现场指挥部　　　N. 请求上级单位、政府相关部门支援

7. 您是否参加过防汛应急预案的演练活动（　　　）。

　　A. 是　　　B. 否

8. 您认为防汛应急演练的作用主要包括_____（可多选）。

　　A. 完成上级单位或相关文件要求的需要　　　B. 锻炼队伍

　　C. 磨合机制　　　D. 厘清防汛任务与主要职责

　　E. 熟悉应急响应的流程与要求　　　F. 检验预案有效性

二、先期处置模块测量点

9. 您是否清楚变电站及其周边发生洪涝灾害后谁是应急指挥人员（包括应急总指挥、应急办主任、应急处置小组组长）？（　　）

    A. 是　　B. 否

10. 变电站及其周边发生洪涝灾害后，您认为自身先期处置的主要职责包括_____（可多选）。

    A. 应急值守　　B. 变电站安全运维，必要时主动停运

    C. 站内积水抽排、强排　　D. 搭建沙袋围堰阻水

    E. 疏通/封堵管路　　F. 疏散、撤离、安置、隔离受威胁的人员

11. 汛期您是否会主动了解变电站面临的主要风险情况？（　　）

    A. 是　　B. 否

12. 您觉得汛期变电站面临的主要风险可能有_____（可多选）。

    A. 站区设备设施被淹　　B. 被迫停运　　C. 站区内积水

    D. 站内建筑物渗水　　E. 其他_____

13. 您认为变电站层面应对防汛突发事件的措施包括_____（可多选）。

    A. 应急值守　　B. 防汛突发事件信息收集与上报

    C. 加强设备巡视和运行监视　　D. 变电站安全运维

    E. 快速复电　　F. 信息报送　　G. 应急资源调配

    H. 请求上级单位和政府部门支援

附加：请评价突发性事件发生后您对变电站应急状态下的处置措施掌握情况（　　）。

    A. 非常好　　B. 较好　　C. 一般　　D. 较差　　E. 非常差

14. 请评价您对变电专业应急处置流程的掌握情况（　　）。

    A. 非常好　　B. 较好　　C. 一般　　D. 较差　　E. 非常差

15. 请评价您对变电专业防汛处置"阻来水""排积水"和"防渗水"三道防线技术要点的掌握情况（　　）。

    A. 非常差　　B. 较差，不能很好运用　　C. 一般，基本可以运用

D. 较好，能够较好地运用　　E. 非常好，能够很好地运用

16. 您对变电站防汛应急物资装备调遣的流程和时间节点的了解情况（　　）。

A. 完全不了解　　B. 一般，基本能够遵照执行或服从执行

C. 较好，能够较好地执行　　D. 非常到位，能够精准执行

17. 您对变电站防汛应急的技术方案的了解情况（　　）。

A. 完全不了解　　B. 一般，能够基本理解并进行简单运用

C. 较好，能够较好地掌握并能够较为准确的执行

D. 非常好，能够准确掌握并能够进行精准运用

三、信息沟通模块测量点

18. 您对变电站防汛信息的主要来源包括＿＿＿＿（可多选）。

A. 政府防办以及气象、水利等相关部门

B. 微气象等在线监测装置

C. 国网上级单位通知　　D. 现场巡查结果

19. 您是否知晓变电站防汛信息报送的主要负责人是谁（　　）

A. 是　　B. 否

20. 您对变电站防汛信息报送主要内容的了解情况（　　）。

A. 非常清楚　　B. 基本清楚　　C. 不太清楚　　D. 完全不知晓

附加：　请根据实际情况回答：

（1）变电站防汛突发事件预警信息的主要内容包括＿＿＿＿（可多选）。

A. 事件时间　　B. 地点　　C. 性质　　D. 影响范围

E. 严重程度　　F. 趋势预测　　G. 已采取措施及其效果

H. 事件相关报表　　I. 其他＿＿＿＿

（2）变电站防汛突发事件应急响应信息的主要内容包括＿＿＿＿（可多选）。

A. 事件时间　　B. 地点　　C. 性质　　D. 影响范围

E. 严重程度　　F. 趋势预测　　G. 已采取措施及其效果

H. 事件相关报表　　I. 其他＿＿＿＿

21. 您对变电站防汛风险信息报送流程的了解情况为（　　）。

　　A. 非常了解　　B. 比较了解　　C. 一般　　D. 不了解

附加：　请根据实际情况回答：

（1）变电站防汛突发事件预警信息报送的具体流程为＿＿＿＿＿＿。

　　A. 信息报送人员→对应职能部门→应急办

　　B. 信息报送人员→主管部门

专业信息 →对应职能部门→ 公司防汛办

综合信息 →应急办→

　　C. 信息报送人员→应急办

　　D. 信息报送人员→应急领导小组→组长审批→党委宣传部→对外发布

（2）变电站防汛突发事件应急响应信息报送的具体流程为＿＿＿＿＿＿。

　　A. 各单位→防汛办→应急领导小组→分析研判

　　B. 各单位→应急领导小组→分析研判

　　C. 各单位→应急处置小组→防汛办→应急领导小组→分析研判

　　D. 各单位→应急处置小组→应急领导小组→分析研判

22. 您对变电站防汛风险信息报送时间节点的知晓情况（　　）。

　　A. 完全知晓　　B. 大概知晓　　C. 不太清楚　　D. 完全不知晓

附加：　请根据实际情况回答：

（1）预警信息报送的时间节点为（　　）。

　　A. 每日 17:00　　B. 每日 18:00　　C. 每日 8:00 和 18:00

　　D. 每日 8:00、14:00 和 18:00

（2）Ⅳ、Ⅲ级应急响应信息报送的时间节点为（　　）；Ⅱ级应急响应信息报送的时间节点为（　　）；Ⅰ级应急响应信息报送的时间节点为（　　）。

　　A. 每日 17:00　　B. 每日 18:00　　C. 每日 8:00 和 18:00

　　D. 每日 8:00、14:00 和 18:00

23. 您对突发情况下如何与政府防办及其成员单位沟通防汛风险的知晓情况（　　）。

A. 完全知晓　　B. 大概知晓　　C. 不太清楚　　D. 完全不知晓

附加：　请根据实际情况回答：

（1）预警信息对外沟通的责任单位为（　　　）。

　　A. 各单位　　B. 各应急处置小组

　　C. 防汛办　　D. 应急领导小组

（2）应急响应信息对外沟通的责任单位为（　　　）。

　　A. 各单位　　B. 各应急处置小组

　　C. 防汛办　　D. 应急领导小组

24. 您对突发情况下如何与电网企业防办及其成员单位沟通电网防汛风险的知晓情况（　　　）。

　　A 完全知晓　　B 大概知晓　　C 不太清楚　　D 完全不知晓

附加：　请根据实际情况回答：

（1）预警信息对内沟通的责任单位为（　　　）。

　　A. 各单位　　B. 各应急处置小组

　　C. 防汛办　　D. 应急领导小组

（2）应急响应信息对内沟通的责任单位为（　　　）。

　　A. 各单位　　B. 各应急处置小组

　　C. 防汛办　　D. 应急领导小组

四、疏散撤离模块测量点

25. 突发情况下您是否知晓变电站疏散撤离的负责人是谁?（　　　）

　　A. 是　B. 否

26. 您对突发情况下自身疏散撤离方面职责的知晓情况（　　　）。

　　A. 完全知晓　　B. 大概知晓　　C. 不太清楚　　D. 完全不知晓

27. 您对突发情况下变电站及其周围疏散撤离路线的知晓情况（　　　）。

　　A. 完全不知晓　　　　　　B. 不太清楚，不能执行

　　C. 大概知晓，不能很好地执行　　D. 完全知晓，并能精准执行

附录B

变电站防汛应急能力评估指标及其对应题号

一级指标	二级指标	对应题号
风险分析	综合风险水平	11
	重要度等级水平	12
	风险驱动需求秩	11 和 12
应急保障	应急组织保障	1、3
	应急队伍保障	2
	应急物资保障	无应急物资装备清单，0分； 有应急物资清单赋分80％； 有应急物资清单且满足需求：赋分100％
	应急技能保障	4
	应急预案保障	5、6
	应急演练保障	7、8
先期处置	指挥协调行动	9
	人员抢险行动	13、14、15，参考访谈结果
	物资调配行动	16，参考访谈结果
	技术方案制定	17，参考演练或处置总结材料
信息报送	信息上报	19、20、21、22
	信息接收	18
	信息发布	23、24
疏散转移	组织协调能力	25，参考演练或处置总结材料
	辅助协调能力	26，参考演练或处置总结材料
	路线辨识能力	27，参考演练或处置总结材料

参　考　文　献

［1］梁允，李哲，石英，等．基于模糊贝叶斯网络的变电站动态汛情风险评估［J］．高电压技术，2023，49（S1）：153-159．

［2］王忠瑞．暴雨洪涝灾害下考虑多重关联的城市关键基础设施韧性评估研究［D］. 2023．

［3］Sultana S，Chen Z．Modeling flood induced interdependencies among hydroelectricity generating infrastructures［J］. Journal of Environmental Management，2009，90（11）：3272-3282．

［4］Daniel S M，Luis D G J．GIS-based tool development for flooding impact assessment on electrical sector［J］. Journal of Cleaner Production，2021，320．

［5］Saberi R，Falaghi H，Esmaeeli M，et al．Power distribution network expansion planning to improve resilience［J］. IET Generation，Transmission & Distribution，2023，17（21）：4701-4716．

［6］Parvin N，Reza M M，Abbas H S，et al．Extremely low-frequency electromagnetic field due to power substations in urban environment［J］. Environmental Engineering and Management Journal，2018，17（8）：1825-1830．

［7］Andrea A，Sauro M，Marco P．SPH Modelling of Dam-break Floods，with Damage Assessment to Electrical Substations［J］. International Journal of Computational Fluid Dynamics，2021，35（1-2）：3-21．

［8］Yang Z，Li Q，Guo X，et al．Cable Coupling Characteristics of Wireless Network Convergence Nodes by Transient Electromagnetic Fields in Intelligent Substations［J］. Symmetry，2023，15（5）．

［9］Rashiduzzaman B，Pingal S，Wooi T C，et al．Intrusion Evaluation of Communication Network Architectures for Power Substations［J］. IEEE Transactions on Power Delivery，2015，30（3）：1372-1382．

［10］Zhang Y，Wang L，Xiang Y，et al．Inclusion of SCADA Cyber Vulnerability in Power System Reliability Assessment Considering Optimal Resources Allocation［J］. IEEE Transactions on Power Systems，2016，31（6）：4379-4394．

［11］Yamashita K，Ten C W，Rho Y，et al．Measuring Systemic Risk of Switching Attacks Based on Cybersecurity Technologies in Substations［J］. IEEE Transactions on Power

Systems, 2020, PP (99): 1-1.

[12] Yang Z, Liu Y, Campbell M, et al. Premium Calculation for Insurance Businesses Based on Cyber Risks in IP-Based Power Substations [J]. IEEE Access, 2020, 8: 78890-78900.

[13] Ten C-W, Hong J, Liu C C. Anomaly Detection for Cybersecurity of the Substations [J]. IEEE Trans. Smart Grid, 2011, 2 (4): 865-873.

[14] Hong J, Karnati R, Ten C-W, et al. Implementation of Secure Sampled Value (SeSV) Messages in Substation Automation System [J]. 2022, 37 (1): 405-414.

[15] Lau P, Wang L, Wei W, et al. A Novel Mutual Insurance Model for Hedging Against Cyber Risks in Power Systems Deploying Smart Technologies [J]. IEEE Transactions on Power Systems: A Publication of the Power Engineering Society, 2023, 38 (1): 630-642.

[16] Mathaios P, Pierluigi M, N. T D, et al. Metrics and Quantification of Operational and Infrastructure Resilience in Power Systems [J]. IEEET ransactions on Power Systems, 2017, 32 (6): 4732-4742.

[17] Mathaios P, Pierluigi M. Modeling and Evaluating the Resilience of Critical Electrical Power Infrastructure to Extreme Weather Events [J]. IEEE Systems Journal, 2017, 11 (3): 1733-1742.

[18] Mathaios P, Cassandra P, Sean W, et al. Power System Resilience to Extreme Weather: Fragility Modeling, Probabilistic Impact Assessment, and Adaptation Measures [J]. IEEE Transactions on Power Systems, 2017, 32 (5): 3747-3757.

[19] Mathaios P, N. T D, Pierluigi M, et al. Power Systems Resilience Assessment: Hardening and Smart Operational Enhancement Strategies [J]. Proceedings of the IEEE, 2017, 105 (7): 1202-1213.

[20] Lund H, Østergaard P A, Chang M, et al. The status of 4th generation district heating: Research and results [J]. Energy, 2018, 164: 147-159.

[21] Hansen K, Breyer C, Lund H. Status and perspectives on 100% renewable energy systems [J]. Energy, 2019, 175: 471-480.

[22] Connolly D, Lund H, Mathiesen B V. Smart Energy Europe: The technical and economic impact of one potential 100% renewable energy scenario for the European Union [J]. Renewable & sustainable energy reviews, 2016, 60 (Jul.): 1634-1653.

[23] Connolly D, Lund H, Mathiesen B V, et al. Heat Roadmap Europe: Combining district heating with heat savings to decarbonise the EU energy system [J]. Energy Poli-

cy, 2014, 65: 475-489.

[24] Zhong J, Li W, Billinton R, et al. Incorporating a Condition Monitoring Based Aging Failure Model of a Circuit Breaker in Substation Reliability Assessment [J]. IEEE Transactions on Power Systems: A Publication of the Power Engineering Society, 2015, 30 (6): 3407-3415.

[25] Billinton R, Tang X. Selected considerations in utilizing Monte Carlo simulation in quantitative reliability evaluation of composite power systems [J]. Electric Power Systems Research, 2004, 69 (2/3): 205-211.

[26] Xie K, Zhou J, Billinton R. Fast algorithm for the reliability evaluation of large-scale electrical distribution networks using the section technique [J]. IET generation, transmission & distribution, 2008, 2 (5): 701-707.

[27] Ericsson, G N. Cyber Security and Power System Communication—Essential Parts of a Smart Grid Infrastructure [J]. IEEE Transactions on Power Delivery, 2010, 25 (3): 1501-1507.

[28] Chen Q, Mccalley J D. Identifying High Risk N-k Contingencies for Online Security Assessment [J]. IEEE Transactions on Power Systems: A Publication of the Power Engineering Society, 2005, 20 (2): 823-834.

[29] Radoglou-Grammatikis P I, Sarigiannidis P G. Securing the Smart Grid: A Comprehensive Compilation of Intrusion Detection and Prevention Systems [J]. IEEE Access, 2019, 7: 46595-46620.

[30] Dohyung J, Kilwon K, Kyong-Hwan K, et al. Techno-economic analysis and Monte Carlo simulation for green hydrogen production using offshore wind power plant [J]. Energy Conversion and Management, 2022, 263.

[31] Han Y, Liang Z, Qing W, et al. Analysis of the structural response and strengthening performance of prefabricated substation walls under flood loads [J]. Frontiers in Materials, 2023, 10.

[32] Xie Q, He C, Yang Z, et al. Influence of flexible conductors on the seismic responses of interconnected electrical equipment [J]. Engineering Structures, 2019, 191: 148-161.

[33] Liang H, Xie Q. System Vulnerability Analysis Simulation Model for Substation Subjected to Earthquakes [J]. IEEE Transactions on Power Delivery, 2022, 37 (4): 2684-2692.

[34] Wang Z, Qiang X, Xiao L. Seismic failure risk analysis of ± 800 kV coupling filter

circuit considering material strength deviation [J]. Structures, 2023, 47: 1566-1578.

[35] Sun J, Fu L, Sun F, et al. Experimental study on a project with CHP system basing on absorption cycles [J]. Applied Thermal Engineering, 2014, 73 (1): 732-738.

[36] Gengwu Z, Chengmin W, Lin F, et al. Determining the planning period of a distribution substation based on acceptable errors [J]. CSEE Journal of Power and Energy Systems, 2017, 3 (3): 296-301.

[37] Xindong L, Mohammad S, Zuyi L, etal. Power System Risk Assessment in Cyber Attacks Considering the Role of Protection Systems [J]. IEEE Transactions on Smart Grid, 2016, 8 (2): 1-1.

[38] Zhao Y R, Cao Y J, Li Y, et al. Risk-Based Contingency Screening Method Considering Cyber-Attacks on Substations [J]. IEEE Transactions on Smart Grid, 2022, 13 (6): 4973-4976.

[39] Liu W, Lund H, Mathiesen B V, et al. Potential of renewable energy systems in China [J]. Applied Energy, 2010, 88 (2): 518-525.

[40] Nie B J, Palacios A, Zou, BY et al. Review on phase change materials for cold thermal energy storage applications [J]. Renewable and Sustainable Energy Reviews, 2020, 134.

[41] Zhu J, Anabel P, Boyang Z, et al. A review on the fabrication methods for structurally stabilised composite phase change materials and their impacts on the properties of materials [J]. Renewable and Sustainable Energy Reviews, 2022, 159.

[42] Li Y, Fu L, Zhang S, et al. A new type of district heating method with co-generation based on absorption heat exchange (co-ah cycle) [J]. Energy Conversion and Management, 2010, 52 (2): 1200-1207.

[43] Chang L, Wu Z. Performance and reliability of electrical power grids under cascading failures [J]. International journal of electrical power and energy systems, 2011, 33 (8): 1410-1419.

[44] Xue P, Zhou Z, Fang X, et al. Fault detection and operation optimization in district heating substations based on data mining techniques [J]. Applied energy, 2017, 205 (Nov. 1): 926-940.

[45] Wei, L., Guo, et al. An Online Intelligent Alarm-Processing System for Digital Substations [J]. IEEE Transactions on Power Delivery, 2011, 26 (3): 1615-1624.

[46] Movahednia M, Kargarian A, Ozdemir C E, et al. Power Grid Resilience Enhancement via Protecting Electrical Substations Against Flood Hazards: A Stochastic Framework [J],

2022, 18 (3)：2132-2143.

[47] Amicarelli A, Manenti S, Paggi M. SPH Modelling of Dam-break Floods, with Damage Assessment to Electrical Substations [J]. International Journal of Computational Fluid Dynamics, 2021, 35 (1-2)：3-21.

[48] Souto L, Yip J, Wu W Y, et al. Power system resilience to floods：Modeling, impact assessment, and mid-term mitigation strategies [J], 2022, 135 (Feb.)：107545.1-107545.13.

[49] Shen Q M, Gao J M, Li C. Adaptive segmentation of weld defects based on flooding [J]. Insight：Non-Destructive Testing and Condition Monitoring, 2009, 51 (10)：541-547.

[50] Dullo T T, Darkwah G K, Gangrade S, et al. Assessing climate-change-induced flood risk in the Conasauga River watershed：an application of ensemble hydrodynamic inundation modeling [J]. Natural Hazards and Earth System Sciences, 2021, 21 (6)：1739-1757.

[51] Thai T H, Tri D Q, Anh N X, et al. Numerical Simulation of the Flood and Inundation Caused by Typhoon Noru Downstream from the Vu Gia-Thu Bon River Basin [J]. Sustainability, 2023, 15 (10).

[52] Yan, Q M, Ma, R Q , Zhu, J J, et al. Analysis of the overvoltage cooperative control strategy for the small hydropower distribution network [J]. Open Physics, 2020, 18 (1)：315-327.

[53] Qianru Z, D L B. A Markov Decision Process Approach for Cost-Benefit Analysis of Infrastructure Resilience Upgrades [J]. Risk analysis：an official publication of the Society for Risk Analysis, 2021, 42 (7)：1585-1602.

[54] Reed D, Wang S, Kapur K, et al. Systems-Based Approach to Interdependent Electric Power Delivery and Telecommunications Infrastructure Resilience Subject to Weather-Related Hazards [J]. Journal of Structural Engineering, 2016, 142 (8) .

[55] Zhu Q , Leibowicz B D . A Markov Decision Process Approach for Cost-Benefit Analysis of Infrastructure Resilience Upgrades [J]. Risk Analysis, 2021.

[56] (美) 费尔班克斯. 恰如其分的软件架构风险驱动的设计方法 [M]. 武汉：华中科技大学出版社，2013.

[57] 李季梅，姚晓晖. 风险驱动下的区域安全与应急一体化管理模式 [J]. 科技导报，2019, 37 (16)：64-73.

[58] 王冬，王锐作. 数据驱动的定量风险评价不确定性分析优化方法 [M]. 武汉：华中

科技大学出版社，2021.

[59] 杨丹．区域洪水灾害风险特征及其演化态势分析［D］．东北农业大学，2023.

[60] 文军，刘雨婷．不确定性社会的"风险"及其治理困境［J］．江苏行政学院学报，2022，（03）：54-63.

[61] 杜菲，岳隽．面向安全规划的多灾种风险评估指标体系构建［C］//中国城市规划学会，成都市人民政府．面向高质量发展的空间治理——2020中国城市规划年会论文集（01城市安全与防灾规划）．北京：中国建筑工业出版社，2021：11.

[62] 许谨良编著．风险管理［M］．上海：上海财经大学出版社，2016.

[63] 游志斌，杨永斌．国外政府风险管理制度的顶层设计与启示［J］．行政管理改革，2012，（05）：76-79.

[64] 项勇，舒志乐．灾害风险管理［M］．北京：机械工业出版社，2023.

[65] 刘爱华．城市灾害链动力学演变模型与灾害链风险评估方法的研究［D］．中南大学，2013.

[66] 姚德贵，宋伟，揣小明，等．一种电网企业变电站综合风险评估方法［P］．河南：CN116663888A，2023-08-29.

[67] 李钰．面向自然灾害应急的知识图谱构建与应用［D］．武汉大学，2021.

[68] 邱芹军，吴亮，马凯，等．面向灾害应急响应的地质灾害链知识图谱构建方法［J］．地球科学，2023，48（05）：1875-1891.

[69] 宁勇，王良锋，唐颖，等．半定量综合指数法在某生活垃圾焚烧厂风险评估中的应用［J］．上海预防医学，2021，33（12）：1150-1153.

[70] 王金凤，韦鹏，马飞．层次分析法在应急预案事故灾难类风险评估中的应用［J］．质量与认证，2024，（01）：50-52.

[71] 马维，马向国．基于灰色关联层次分析法的灾害应急物流方案选择［J］．防灾减灾学报，2021，37（04）：62-68.

[72] 陈鹏，张继权，张立峰，等．城市地震应急避难所适宜性综合评判物元可拓模型及实证研究［J］．环境工程，2016，34（S1）：1132-1136.

[73] 吴昌友，杨静红，许智慧．基于主成分投影法的洪水灾情评价研究［J］．中国安全科学学报，2012，22（04）：121-126.

[74] 林卓琼．基于模糊综合法的中低压配电网规划项目优选决策研究［J］．黑龙江电力，2022，44（02）：107-113.

[75] 李建华．基于BP神经网络法的高速公路公司财务风险预警研究［J］．中国产业，2011，（06）：34-35.

[76] 祁海军，贺志昂，黄涛，等．基于AHP-熵权法的高寒高海拔地区边坡开挖施工安

全风险评估研究［J］. 公路，2024，69（01）：86-92.

［77］邵广哲，焦晓东. 基于模糊模式识别法的南水水库汛期降水预测与分析［J］. 人民珠江，2018，39（01）：36-39.

［78］万阳. 基于模糊层次—主成分分析法的供应链质量综合评价［D］. 东北林业大学，2007.

［79］李慧. 供应链运营稳定性评价研究［D］. 北京交通大学，2024.

［80］阎伍玖. 区域农业生态环境质量综合评价方法与模型研究［J］. 环境科学研究，1999（03）：52-55.

［81］左伟，王桥，王文杰，等. 区域生态安全综合评价模型分析［J］. 地理科学，2005（02）：209-214.

［82］谢劲芬. 基于二维结构矩阵和映射模型的高速公路工程费用结构体系研究［J］. 企业改革与管理，2023（10）：41-44.

［83］伍仁杰. 中国内陆地区公路洪灾风险区划研究［D］. 重庆交通大学，2020.